餐飲全面服務管理
抓牢顧客的心

李韜 著

目　錄

第一章 什麼是全面服務管理

　　經營的目的不僅僅是賺錢。賺錢永遠只是結果而不是目的。只要把你的事業做好了，錢自然地追隨你而來。如果把賺錢當做目的，往往就賺不到錢。我要追求的境界，是常人所達不到的，那就是「共享愉悅」。

──（日本）堤義明

一
提供服務是任何企業存在的理由

服務是所有企業高度關注的一個問題。號稱「日本人的臉」的日本著名實業家堤義明說過一段話：「經營的目的不僅僅是賺錢。賺錢永遠只是結果而不是目的。只要把你的事業做好了，錢自然地追隨你而來。如果把賺錢當做目的，往往就賺不到錢。我要追求的境界，是常人所達不到的，那就是『共享愉悅』。」可以說，「共享愉悅」是服務追求的最高境界。換而言之，任何企業當不能夠展現出服務性時，也就失去了存在的必要。

我們來看幾個事例：

老字號製鞋企業內聯升在創立之初就脫穎而出，是因為它的服務寶典——「履中備載」。「履」就是鞋的意思，這本書講了鞋的什麼事情呢？關於所有京城大官和做過鞋的富商貴人們的腳的情況、對鞋的喜好以及做鞋買鞋的經歷。內聯升的重要顧客的鞋樣與鞋模子。透過這本書，內聯升還要推算顧客鞋的磨損週期，主動提供上門訂製服務。這老字號百年前的服務恐怕連現在很多大企業都難以達到。

已經離開我們的「臺灣經營之神」王永慶，是賣米學徒出身。16 歲勤奮的王永慶帶著父親借來的 200 元錢創辦自己的米店。當時正是臺灣的日據時代，面對享有特殊保護的日資米店和眾多擁有了固定客源的本土米店，王永慶的小米店如何突出重圍？是王永慶以無微不至的服務闖出了自己的天地。

那時的臺灣，大米摻雜米糠、沙粒和小石頭的情況比比皆是，買賣雙方都見怪不怪。而王永慶能夠創新服務，做到每次都把雜物挑選乾淨，還主動送米上門，並且免費給顧客淘陳米、洗米缸。顧客得到實惠，一來二去就成了回頭客。一下子，王永慶的米店從一天賣米不到十二斗，變成了一天賣出去一百多斗。幾年下來，米店生意越來越紅火，王永慶順勢創辦了一家碾米店，完成了個人資本的原始積累，走向了「經營之神」的道路。

　　有人說，王永慶終其一生無論經營什麼產業，都是在「賣大米」：始終把握顧客需求，努力提供優質服務。

　　而現代，中國大陸美名遠颺於海外的海爾集團，除了產品的質量之外，被世人津津樂道的不也是它優質的服務嗎？這些都是製造業和工業企業的例子。作為以服務為主要產品之一的餐飲業，「服務」對企業的重要性更是不言而喻。

　　關鍵的問題是，我們如何看待服務？

二
優秀企業如何看待服務

作為一個優秀的企業，通常這樣看待服務：

1.服務是信仰，服務也是技術手段

對於任何餐飲企業來說，服務是核心競爭力之一。每個員工、從上至下都應該以服務為信仰。什麼是信仰？信仰首先是一種人格魅力。在服務的過程當中，因為有了信仰，才能處處洋溢服務的精神與氣氛。可以說，服務的境界是「於無聲處見真情」。

信仰最終要落實在實處。可惜的是，很多餐飲企業忽略了對服務技術的研究。我們可以透過一個小故事來瞭解技術的重要性。

張三每天下班回家都很晚，而在回家的路上總有一條野狗試圖對他發動襲擊。在經過幾天的對峙之後，張三想到一個辦法，就是撿一塊石頭拿在手裡，當野狗撲上來時，能夠用以投擲自衛。可是當石塊擲出後不久，野狗便反身追來，張三只好落荒而逃，而且一路提心吊膽，擔心野狗尾隨攻擊。於是第二天張三便拿了五塊石頭，可是情況是一樣的，當石頭用完，野狗便欺身而上。第三天，張三背了一個書包，裡面裝了很多石頭，可是野狗便遠遠地盯著他，趁他不注意才撲上來，而沉重的書包反而阻礙了張三自衛。幾次對決之後，疲憊的張三反而激起了野狗的憤怒，終於在不注意時被野狗咬了一口。受了傷的張三回到家裡，痛定思

痛，認為自己對付野狗不能再使用投擲石塊的方法了。經過慎重考慮，他找到了一根結實的棍子，然後輕鬆地拿在手裡，這樣回家的時候，不僅不擔心野狗伺機撕咬，甚至還狠狠 K 了野狗一棍，打得野狗自此不敢來犯。

張三的故事帶給我們什麼啟示呢？就是解決問題不能始終使用同一種方法，狀況在不斷變化，我們解決問題的方法也要變化。就如同餐飲企業的服務，當國外在研究服務數據化或者試圖將 6 個標準差的概念引入服務業時，餐飲企業還停留在「服務第一、顧客至上」的虛無境地，是一件多麼可怕的事。就像很多的餐飲企業在實現連鎖之後，分店越開越多，菜餚可能沒有出現什麼大的問題，可是顧客卻感覺菜餚越來越不好吃？究其原因，是因為服務不符合顧客的需求，導致顧客不能擁有良好的消費體驗，因而流失了很多顧客。所以，對於服務的技術研究始終都是一個餐飲企業除了對菜餚的技術進行研究之外，更為重要的事情。

2．跳出就事論事的圈子——不但以學習為策略，也以遺忘為策略

對於服務來說，中國的中醫思想非常值得借鑑。很多企業研究服務僅僅是針對服務過程或者結果本身，他們並不明白，如同一個人的膚色紅潤是來源於身體健康，而髮質枯黃可能是因為臟器的功能不足一樣，這個時候你單純地使用什麼美膚產品或者使

用了很多美髮產品卻不會有什麼特別好的效果。此時你需要綜合的調理，這個綜合的調理在管理學上稱之為「系統」。

系統的概念告訴我們，服務的好壞其因素不僅包括服務中，還包括了服務前和服務後；不僅表現在服務本身，更重要的還有顧客看不見的服務背後的東西。這要和企業的發展結合起來看。

中國的企業發展大體可以分為三個時代——能人時代、制度時代和文化時代。在能人時代，企業裡的能人成為一個企業的命脈所繫。比如中國知名餐飲企業中，俏江南的初始發展是靠張蘭女士，順峰是靠林銳均先生，眉州東坡餐飲集團是靠王剛、梁棣夫婦；而國外或外資的餐飲企業也非常重視企業的高層管理人員，但是大家很少聽說什麼企業是靠什麼人發展起來的，就是因為外資餐飲企業更重視管理系統。當然隨著企業的發展壯大，企業就開始尋求向科學管理的方向發展，這個科學管理主要是指各種規章制度的建立、健全和執行力的增加，所以叫做制度時代。

制度時代在中國餐飲企業裡最大的表現就是「SOP」，很多企業都有了厚厚的一本或者幾本「SOP」。但是這個「SOP」是自己的嗎？造成作用了沒有？真正的 SOP 應該包括些什麼？這些問題是需要認真反思和解決的。這些問題解決了，要反思執行問題，為什麼有很多企業有好的程序、制度和標準，可是執行不了或執

> **企業發展三時代**
>
> 能人時代——能人是企業的命脈所繫
>
> 制度時代——「SOP」出爐
>
> 文化時代——企業文化致勝

行不長久？所以前幾年「執行力」課程風起雲湧，但是為什麼這幾年就沉寂下來了？因為執行力不是靠幾堂課就能培養出來的，靠的是系統，管理的系統。

　　當企業有了管理系統之後，開始逐步形成團隊的聯盟，以制度文化為中心形成企業文化，每個人進入企業之後都能被企業文化所感染，成為團隊中的一分子，不僅僅是服務，而是整個企業開始進入良性循環的軌道，這就是文化時代。我一向歎服於中國博大的傳統文化，對於服務管理，我們不妨「西方管理技術為用，東方文化思想為體」，從中國的文化中汲取用之不竭的營養。

3．服務永遠勝在創新

　　服務沒有停滯，在服務方面下一步要做的事就是——別人永遠以為我們做不到的事。同時，針對創新的服務，在執行的時候要充滿智慧和堅韌性。

　　在上個世紀 80 年代，新加坡航空公司提出「女士優先」的服務概念後，在飛往韓國、日本的航班上推行遇到了嚴重的阻力。因為這兩個國家是傳統的男權主義國家，那麼怎麼辦？是取消在這兩個國家的推行計畫麼？不是。新加坡航空公司的做法展現了高度的自信與服務技巧：透過名單知道是一對夫婦同時旅行，空姐在送飲料的時候，會看著先生微笑問好，但是手裡的咖啡會靈

活地繞過先生，直接送給夫人，同時說道：「太太，請用咖啡。」
就是這樣在細節上的慢慢堅持，新加坡所倡導的「女士優先」的
理念才會成為整個服務行業今天奉為圭臬的準則。

服務方面無大事，如同張瑞敏先生所說：把平凡的事情重複
地做到最好，就是不平凡。我所說的「做不到的事」，除了服務
創新之外，還包括如何制訂企業服務的策略、實施期望管理及如
何更好地為重要顧客服務。

服務創新開始的時候可以是一種模仿，但最終要變成企業的
自覺力量。我們剖析一個案例，重要的是學到這個案例所包含的
思維模式，而不僅僅是這個案例所告知的做法本身。事實上，無
論分析到多麼精深，我們都無法模仿到優秀企業的全部，這就是
我們研究了那麼多年可口可樂、麥當勞和星巴克，但是世界上仍
然只有一個可口可樂、一個麥當勞和星巴克的原因。

每個企業都必須根據目標市場的不同而建立自己的服務策略。
策略和資源的相互配合，將創造完美服務的基石。而作為一個營
利性組織，我們不可能為所有人服務，如何根據自己的目標顧客
市場的需求來促進服務質量的螺旋上
升，也是企業應該認真研究的一個方
向。

總之，「服務」不單純是服務事
項，它是無數緊密相扣的上下環節。

專家視點

　「做不到的事」，除了
服務創新之外，還包括如何
制訂企業服務的策略、實施
期望管理及如何更好地為重
要顧客服務。

它成為一個動態的系統而展現企業的根本文化和款客之道，它是任何企業存在的根本原因和力量。

請您思考

1．您如何理解全面服務管理的概念？
2．請結合您所在的企業談談服務創新的具體做法。

第二章 服務中的角色認知

　　優秀的顧客服務應該具備情感性。良好的顧客服務措施或體系必須能夠表現出來是員工發自內心的，是誠心誠意、心甘情願的。

一位剛有身孕的女士來到餐廳用餐，在客人選擇食品時，服務生透過和客人簡單交流得知客人以往經常來本餐廳消費以及客人喜愛的幾種食品。當時客人說自己非常喜歡吃餐廳的日式自助餐，尤其喜歡吃海鮮，如生蠔、鮭魚等。但客人又不方便明說自己有身孕，不能吃生的生蠔，所以感覺很可惜，這位善解人意的服務生猜測出了客人的情況，建議客人，生蠔在廚房裡面可以為她加工成熟的，特製一些她喜愛的口味。服務生知道這位女士行動不方便，在經客人同意之後，便主動幫客人取她喜歡吃的食品，並告知廚師長客人的喜好，廚師長與服務生一起，將他親自特製的生蠔等食品送到客人的餐桌前，詢問客人食品質量及口味，並做記錄建立客史檔案。

　　服務是一個過程，是一個人與人打交道的過程。因此必然出現兩方的互動，一方面是顧客，一方面是企業。而企業又可以從兩大類別來區分不同的角色：服務生和管理者。

一

管理者在服務質量保證過程中的角色認知

　　透過下頁圖示我們可以很清晰地知道，一個管理者在質量保證過程中的角色。作為管理者，首先是質量文化的創造者、維護者。

　　什麼是企業的質量文化？企業質量文化是指企業在長期的生產經營中自然形成的一系列有關質量問題的意識、規範的價值取

向、行為準則、思維方式以及風俗習慣。其核心內容即質量理念、質量價值觀、質量道德觀、質量行為準則。文化是個很大的概念，但是文化的形成卻是長期從小的方面凝聚而成的。這其中，不可避免地表現為或表現出企業創始人或領導人的文化導向，包括作為管理團隊的管理者的觀念和行為。

角色	目標
質量文化倡導者	營建質量文化，將員工導向質量
團隊領袖	積極擴大影響力，用群體力量達成質量優異的目標
新產品、標準設計人	設計新產品和新標準，籌造顧客忠誠感
新標準推行人	建章立制，獎優罰劣，保證新標準執行
訓導師	教會、指導員工掌握新標準，依新標準準行事
質量問題發現與分析者	及時發現問題，改良品質
員工錯誤行為的糾正者	及時糾正錯誤，激勵員工卓越地完成工作
質量體系建立與維護者	維護體系鏈，持續修正質量
員工的鼓舞者	鼓舞員工士氣，創造力爭上游的團隊氣氛
顧客服務第一人	親自為重要顧客服務，以榜樣作用帶動員工行為
員工的榜樣	以身教教人，力量無窮
員工的朋友	做員工的朋友，並正向影響員工
溝通者	理解他人需要，並使他人理解你
營銷者	帶領員工創造令顧客滿意的產品和服務，並將其傳遞予顧客
合作者	與其他部門合作，保證質量鏈有效運行
做一個崇尚質量，操之在我的	確立並堅持正確的價值觀，不受外界不良影響，保持積極心態，永遠崇尚質量

餐廳主管小張今天上班被總經理批評了，原因是昨天總經理在餐廳用餐發現了不少服務中的問題。小張認為這些問題很重要，在下午的班前會上對全體員工進行了批評：「你們也真是的，昨天總經理用餐中發現了不少問題......下次一定注意，要在總經理面前展示我們的服務風采。」

　　小張這樣的說話方式，並不是一個特例。看似開班前會這樣的小事，卻有可能成為影響質量文化的大事。這樣的班前會，短期內會有提升服務質量的效果，長期來看，養成了一種習慣：總經理在的時候，服務質量就會好；總經理不在，服務質量就會下滑。

專家觀點

　　質量文化達成要靠團隊的力量。能夠影響團隊的，不僅僅是上司權威，更重要的是影響力。

　　那麼服務質量文化如何達成呢？要靠團隊的力量。能夠影響團隊的，不僅僅是上司權威，更重要的是影響力。

　　我們在企業中管理的是成年人，而對於一個成年人來說，真正能夠管好他的只有他自己。所以，權力只能管到一時一刻，而管理者的影響力透過改變員工的心智模式，由內到外地影響員工的行為。而這種行為必須隨著顧客的需求變化而變化。對此，管理者必須根據顧客需求的變化不斷地設計新的標準和程序，以滿足顧客的最新需求。而所有的員工都會因為習慣原來的流程和標準而或多或少地牴觸變化，這個時候，一名好的管理人員，必須保證新的標準被推行下去，其中，培訓是一種行之有效的好方法。

麗思·卡爾頓酒店是全球知名的豪華酒店，其母公司在全球擁有 30 多家高級酒店，20 世紀 90 年代初，公司因為缺乏創新而危機四伏，於是一場變革無聲地展開：酒店突然通知員工——我們正在進行一項新的實驗，需要每個人的參與和支持。從明天開始，我們這裡不再有經理只有團隊，換言之員工不再有上級。配合這一政策，酒店成立了五花八門的團隊：抵達前團隊、抵達—離開團隊、烹飪團隊、宴會團隊、指導團隊等等。這場變革的結果是員工完全不知所措，前臺人員流動率達到 100%，門童流動率 200%。這一幕和我們的許多酒店變革何其相似，但我們似乎更願意從「改革就是會有阻力」上找原因，而沒有分析團隊建設的深層次所需。

毫無疑問，這些問題必須得到解決，在團隊建設的過程中酒店必須向員工介紹組織變革及組建團隊的原因，對團隊進行充分的授權，之後加強對員工的培訓——使其成為一名合格的團隊成員，最後是明確傳達團隊的目標，對工作標準進行詳細的說明。

對於流程和任何質量問題的糾正，來源於管理者發現問題的敏銳程度。管理者當然應該是任何質量問題的發現者與分析者，並且應該能夠及時地糾正員工的行為。而這種糾正除了依靠現場的及時修正反饋之外，更重要的是依靠體系的自動運轉和維護。體系就是一種系統，在質量方面的系統我們通常稱之為「質量管理體系」。管理者需要維護體系鏈的完整和良性循環。

任何體系都是由人來執行的。中國有句俗話叫做：棍棒之下難出孝子，同樣的，打罵之中也難出好員工。所以，對於員工來說，更重要的是鼓勵。好的管理者首先是一名員工的鼓舞者。

在很多麥當勞餐廳，餐廳見習經理以上的管理者手裡會有很多小禮品，以便能夠及時地對員工的優秀行為加以強化和鼓勵。這些激勵品最多的是 PINS，就是可以釘在衣服上的小紀念章。多由大陸麥當勞南方區，或者香港、臺灣甚至國外的麥當勞委託生產。PINS 非常精美，富有創意，式樣繁多。其他的還有旅行包，各種女孩子的裝飾品以及手錶、帽子、衣服等等，所有這些東西都時尚、漂亮，充分張揚個性，就像廣告上的一樣，當然最大的特點是上面都有 M（麥當勞的標示）。當員工表現好時，他的經理會及時給他一個激勵品，得到激勵品的員工都會非常高興，因為那代表了付出和汗水，代表了在麥當勞的榮譽，代表了被認可。

除此之外，當員工完成自己的工作目標時，會得到「麥現金」，這是一種在麥當勞內部可以使用的禮券，它可以用來購買麥當勞內部的禮品，不同的金額可以購買不同價值的禮品，有了自己喜歡的禮品，員工可以隨時找經理購買。每個月麥當勞還會評選最佳員工，表揚那些在本月工作表現優秀的員工，他們不僅可以邀請家裡人來餐廳參觀和共進晚餐，還可以在年底的時候得到獎金。如果是學生的話，表揚信還會寄到他們的學校，讓老師和同學都為他感到自豪。每半年麥當勞還會對每個員工進行評估，對前半年的工作做個總結，對工作表現好的員工給予較大調薪。每半年餐廳會舉行各種各樣的郊遊活動，帶領大家去呼吸新鮮空氣、放

鬆心情。就是這樣，麥當勞保證了在繁忙的工作壓力中，員工能夠保持愉快的心態為顧客服務。

除了物質激勵之外，最好的激勵是管理人員的以身作則。以身作則除了會成為一個行為標竿之外，更重要的是會促進團隊氛圍的形成。這其中，包括管理人員親自參與服務。良好技能的展現、和客人友好親切的交流、對服務過程中問題的正確理解......都會無形中成為員工培訓的模範。

彼得·杜拉克曾經說過：「企業的一切問題，歸根究柢都是溝通問題。」保持良好溝通成為企業中最為重要的事情之一。溝通包括對於顧客的溝通和對於員工的溝通。對於顧客而言，良好的溝通可以更好地傳遞企業理念，獲得營銷成果；對於員工而言，良好的溝通可以得到顧客更多的理解和支持。此外，溝通還包括部門間的訊息共享，使得服務流程通暢、高效。

總而言之，管理者在服務過程中的一切角色都指向質量文化的形成，每一個管理者都應該成為一個操之在我、崇尚質量的人。

二
員工在服務質量保證過程中的角色認知

角色	目標
提供服務者	提供超越顧客期望的服務，使顧客滿意
智慧的服務專家	預估顧客需求，解決顧客問題
平衡者	兼顧顧客和飯店雙方利益
團隊一份子	靠群體力量，達成顧客滿意的目標
親善大使	使客人和同事感覺親切，友善
專業的操作者	講求品質
公關第一人	營建顧客的忠誠感
愉快的合作者	人際關係和諧，成功
樂於奉獻者	培養服務精神，修練個人品行

　　員工因為是接觸顧客的主體力量，他們在服務過程中具有舉足輕重的地位。任何一個員工當然首先是提供服務者。服務水準有高有低，以顧客的期望為衡量標準。任何顧客期盼的是優秀的服務專家。優秀的顧客服務應該具備情感性。良好的顧客服務措施或體系必須能夠表現出來是員工發自內心的，是誠心誠意、心甘情願的。

　　星巴克在對顧客進行細分的基礎上，將咖啡產品的生產系列化並加以組合，根據顧客不同的口味提供不同的產品，實現一種「專門訂製式」的「一對一」服務，從而能夠更好地展現員工服務的魅力。星巴克還將咖啡豆按照風味分類，顧客可以按照自己的口味挑選喜愛的咖啡。口感較輕且活潑、香味誘人，並且能讓人精神振奮的是「活潑的風味」；口感圓潤、香味均衡、質地滑順、

醇度飽滿的是「濃郁的風味」；具有獨特的香味、吸引力強的是「粗獷的風格」。這種對於產品的「延伸加工」，從根本上提高了產品的「附加值」，使顧客「對咖啡的體驗」成為有源之水、有本之木。而作為員工，能夠據此更好地表現服務智慧。

一天，一位初次接觸星巴克的女士，進入店中看著各種各樣的咖啡品種發楞，服務生很快發現了這一狀況，走上前去溫和的詢問。當客人表明對選擇什麼產品拿不定主意時，這位服務生靈機一動，把每種咖啡都為顧客調製了一小杯，等她品嚐過後，選擇了其中一種。顧客和服務生都很高興，顧客得到了她真正想要的產品，而服務生透過自己的服務帶給了顧客良好的消費體驗。這是真正的服務中的雙贏。

我們期望服務明星，但是我們更依賴一個優秀的服務團隊。事實上，真正的優質服務不是一個人可以完成的。一個優秀的員工，在團隊中表現出來的品質應該是熱愛服務、忠於品質而又親切友善。

三
管理者在日常工作中應該秉承的做法

管理者和員工的角色認知對實現一個服務體系的良性循環非常重要，是不可或缺的根基。在管理者和員工的互動當中，管理者應該承擔更為重要的責任，從角色的綜合表現來看，管理者應該秉承一些簡單而有效的做法。

管理者首先應該表現出為他人服務的慾望。這需要：

1．控制自己的情緒

制怒不論是從個人修養的角度，還是從管理的角度來說都是一項值得學習的技巧。

2．保持積極的心態

不要讓生活或者早些時候的不快影響到你，進而影響你的形象和工作。

3．充滿信心

充滿自信的管理人員會影響到你的員工，讓他們在服務過程中傾向於展現自信的一面，給顧客不同的心理感受。

4・自省

時刻問自己：我做到善始善終了嗎？我對解決問題造成積極作用了嗎？我表現出為他人服務的慾望了嗎？

其次，管理者應該時刻遵守建立成功上司形象的規範。作為一名管理者，要能夠在心態上相信自己，喜歡自己，這樣做的目的不是讓自己自負，而是在工作中展現「一定能夠做到」的決心，隨時讓自己活力四射，成為正向影響員工心情的主力。

請您思考
案例分析：餐廳的困境

背景：
　　一家經營瑞士菜餚的餐廳在達拉斯開張有 7 個月了。餐廳的老闆凱希出生在法國，是一名大廚。凱希按照歐洲的方式提供飲食和服務，一開始就大獲成功。餐廳的職員穿著極為整潔，並且有一套嚴格的服務制度。凱希甚至要求職員在服務顧客時說法語。所有的酒都是從歐洲進口的，而牛排是經過仔細挑選的得克薩斯牛排，凱希親自做所有的菜，要知道她的手藝棒極了。菜餚的價格是很高的，但這並未影響生意，營業額也不斷上漲。凱希也從沒有打過廣告，她的名聲就是她最好的廣告。

現狀：

（1）生意越來越好，餐廳需要僱用更多的廚師。凱希想從法國聘用她的一些學烹飪的廚師朋友，還答應給高薪資，有房子，但沒有一個願來。（2）凱希要求完美，甚至不惜開除人，但並不是一切都如她所願，這周有幾個烹飪組的管理人員答應按她所要求的方式工作，但隨後一些具體的東西還是走了樣。（3）凱希的另一個麻煩就是她的幾個服務生，他們總是想和顧客套關係；凱希不准任何職員收小費。這既包括提供飲食的職員，又包括提供服務的服務生。職員的薪水是每小時 10 美元。服務生對此很有意見，他們已習慣收小費。（4）凱希對職員的穿著要求嚴格。每個員工和管理人員要保證衣服絕對整潔，並且穿著要嚴格符合規定：手套應是潔白的；每個管理人員手中都應有清潔布，以保證隨時清潔衣服、鞋子和手套。（5）最近顧客滿意度在持續下降，而且出現了很多不可容忍的問題，比如很多顧客抱怨飯是冷的。（6）員工的離職率開始上升，幾個經理乾脆直接告訴凱希，他們將不會再忍受她的方式，他們不滿她的尖叫和吼聲，不滿她對整潔的挑剔。他們還抱怨工作時間太長。

問題：

請從管理者的角色認知角度分析凱希的哪些方面可以改進？您有什麽好的建議？

_____

_____

_____

第三章 可測量受控制的服務流程

別人看我的結果，我自己看自己的過程。

———服務業黃金警句

一

服務的全接觸過程

　　服務，簡單來說就是讓客人滿意。要想做到這一點，首先是要有完善的服務質量體系。體系之中，最為重要的是服務流程。而服務流程必須可以被測量和受到全流程的控制。

　　服務流程雖然是服務質量體系中的一部分，但是其本身也是一個龐大的體系。這一點我們使用顧客和餐廳的接觸全圖來加以說明：

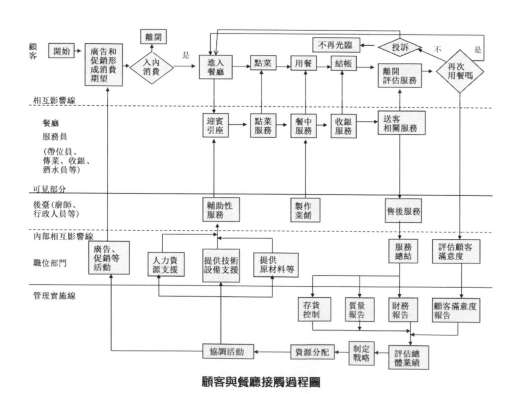

顧客與餐廳接觸過程圖

這張圖很清楚地展現了一個顧客和一個餐廳從接觸到脫離的全部過程。它告訴我們，任何顧客可見的行為表現、服務質量問題，其實都應該深入地研究顧客不可見部分的缺失。而這種研究最終的目光應該落在評估餐廳的整體業績之上。

這首先要求我們對顧客的全過程經歷負責。也就是說，我們出售給顧客的不能單純的說是服務、環境、菜餚還是文化，而是一種綜合的東西，這個東西進入顧客的感受系統，就是顧客留下的消費經歷。

這個經歷中的任何一個點都可以說是最關鍵的，因為它都會影響到顧客的整體感受。我們需要逐一的來加以解釋。

對顧客的「全過程經歷」負責

12 回憶喚起
11 收銀
10 宴會
9 調整
8 節奏
7 餐前
6 環境
5 公共區域
4 服裝
3 等候
2 帶位
1 停車場

二
顧客全過程經歷的理解

1．停車場

當顧客抵達停車場時，他希望由此拉開一幅美妙的美食體驗的大幕──衣著得體、手套潔淨的服務生為他拉開車門，而同樣彬彬有禮的保全姿勢標準地為他指揮車輛的停放。當他停好車後，保全迅速地將車檢查一遍，提醒他關好一扇忘記閉合的車窗。而這個時候，帶位小姐已經和客人進行了溝通，瞭解到他的訂位情況，笑意盈盈地迎上來，準備將他帶往用餐的包廂。很多餐飲業的同行認為這點酒店做起來比較容易，因為他們透過住宿記錄有更多相近的顧客資料，餐廳做起來就很難。其實，只要用心，就會收到同樣的效果。前面所述的，就是我在君悅大酒店的親身經歷。

2．帶位

在帶位這個環節，最重要地是如何透過帶位的行為開始建立和顧客的良好互動，要知道，好的開始是成功的一半。要想做到這一點，除了得體的儀容儀表、優雅的舉止、恰到好處的微笑，最重要的還是對顧客無時無刻的真誠關注。我想舉兩個例子從正反兩方面加以說明。

從事餐飲行業的人士都知道北京有個「大董」，在 2008 年北京奧運會期間，大董企業的兩家餐廳接待了 30 多個國家的元首用餐，而且都是這些國家領導人自己找上門來的。此外還接待了國際奧委會的薩馬蘭奇名譽主席和羅格主席，薩馬蘭奇主席在餐後激動地說「大董的美食也是一塊金牌，和冠軍的份量一樣重」，並和員工們親切合影留念。

大董為什麼這麼吸引人？甚至在歐洲、美國、日本、東南亞都享有極高的知名度和美譽度？我想，這和大董異常關注自己的品牌，在細節方面盡善盡美是分不開的。

我們就說一下大董帶位人員的披肩。北京的冬天是很冷的，哪怕空調風幕的威力再大，也難以讓經常在門口開門迎賓的員工感到時時刻刻的溫暖。於是大董企業很細心地為每位帶服務生配發了披肩。員工們覺得這些披肩皮毛細緻，披在身上既暖和又高貴，都精神抖擻、充滿自信。一位客人十分喜歡帶位服務生的披肩，愛不釋手，想問問是在哪裡買的。因為她想給員工買的披肩一定不會很貴，如果買給自己真是划算很多。結果帶位員溫柔地告訴她，這些披肩是訂做的，用的是進口的獺兔毛皮，每條價值人民幣兩萬元。客人在驚詫的同時，更為佩服大董的魄力、眼光。帶位員的披肩在第一時間給顧客留下了餐廳「高貴」的直接印象。

接下來講的是我在大連一個三星級賓館的餐廳用餐經歷。

餐廳門口的帶位年輕漂亮，穿著大紅的旗袍。旗袍既然號稱「國服」，就應該體現國服的尊貴，否則的話，反而有些不倫不類。可惜這家酒店的旗袍即是如此，因為袖口鑲嵌了質量不過關的絲邊，經過多次洗滌後，已經脫絲。我正在看著這圈隨風而動的絲線時，小姐已經在前邊帶路。她推開並不靈活的玻璃門，自顧自在前面婀娜而去，而我之所以沒有跟上，是因為她纖手輕揚，門已經關閉，而不管我是否已經撞在了門上。如此的服務開端，將會給顧客留下怎樣一個記憶深刻「災難」般的消費體驗！

3・等候

等候也是非常重要的一個關鍵點。我們仍然舉大董的例子。

想要在大董用餐，需要提前三天預訂餐位，否則的話，您的平均等候時間大概是一小時。縱然如此，很多熱愛大董品牌的老饕們仍然樂此不疲。原因何在？大氣的大董，不僅為候位的顧客提供書報雜誌、各色飲料，還提供了免費的無限量的精選澳大利亞的白葡萄酒和紅葡萄酒，讓顧客們優雅的一邊品嚐葡萄美酒，一邊等待激動人心的美食時刻。

4・服裝

服裝的問題也是一個容易被忽視的地方。甚至開玩笑地說，從裙子的長短都能看出這家餐廳經營的菜系，比如，一般來說，粵菜餐廳的服務生裙子都是比較短的。服裝其實是體現一家餐廳

文化的一個較為直接的窗口。對於服裝的精心選擇，不僅僅是價格的問題，而是色彩、款式、面料如何與餐廳的文化相協調。比如一家高級餐廳，員工服裝通常會選用下垂感非常好的面料，而素食餐廳就會選擇較為蓬鬆的布料。

5‧公共區域

公共區域越來越被顧客所重視。我強調公共區域的兩點問題：一是洗手間的清潔和一致性；二是在公共區域我們如何與顧客交流。洗手間裡的關鍵節點又是什麼呢？氣味、乾濕區分開和一致性。洗手間裡最好的氣味就是新鮮的空氣，不要臭味，當然也不要惡俗的、令人窒息的空氣清新劑的味道。很多高級的餐廳，在洗手間內使用氣味分解劑，不是用一種氣味遮蓋洗手間的氣味，而是把不好的味道加以分解，成為新鮮的空氣。

香格里拉如何樹立品牌的獨特印象？首先從氣味入手。香格里拉特別聘請了世界著名的香水大師，調製出一款特別的、宛如蓮花初放的香氣，透過中央空調的送風系統，送進飯店的每一個角落。這種香氣給顧客留下了深刻的印象，成為識別香格里拉的一個有效手段。

而洗手間的乾濕分區也是很重要的。不僅僅因為潮濕是細菌繁殖的必要條件，從而造成細菌繁殖分裂產生不良的氣味，更重要的是從心理角度來說，有了乾濕區的分隔，顧客才會有心理上從「生理解決」到「衛生」的轉換。

所以很多高級餐廳洗手
間內仍然有很多迂迴曲折的
設計，其目的即是在此。洗
手間還有一點也非常重要，
就是保持良好的一致性。比
如說，在洗手間裡有六個馬
桶，其中四個的蓋子是打開
的，另外兩個的蓋子是閉合
的，顧客的心理上首先就會
產生疑慮：連洗手間都無法
保持一致，那麼其他服務呢？
肯定也是無法奢求的。

北京大宅門酒店洗手臺

　　而我們在公共區域還有
一個問題是經常會頻繁地遇到顧客。如何跟顧客打招呼？這是一
個簡單的事情嗎？這恰恰是很多餐廳經常忽略但是給顧客造成很
多困擾的問題。請看如下例子：

　　李先生穿過餐廳的走廊去往自己預訂的包廂，看到遠處走來
一位服務生，因為步履匆匆，而且沒有透過目光先和李先生交流，
所以李先生做好了不打招呼的準備。就在二人交錯的那一瞬間，
服務生停下了，而後叫了一聲「先生」，李先生也馬上停下自己
的腳步，等候服務生的下一句話。結果服務生接著說了一聲「您
好」，然後自顧自離去。留下站在原地的李先生滿臉苦笑地搖頭。

規範的在公共區域與顧客打招呼是怎樣的？當我們發現前方有顧客走來時，在距顧客 10 步左右時，應該目光交流，點頭微笑示意；當距離顧客 5 步左右時，停下腳步，向著顧客前進的方向側身，同時使用指引手勢指引顧客前進的方向，身體略向前傾，15 度鞠躬向顧客語言問候；問候時致意用語先說，稱呼用語後說；待顧客離開 5 步左右後，轉身離開。這樣的一種流程，體現出專業、高雅的接待態度，是一種值得推許的待客之道。

6 · 環境

就環境方面來說，我一直主張要有主題。我在山西一家酒店用餐，它的名字叫做「黃河大酒店」，但是吧臺的裝飾牆上是四大朵盛開的金漆牡丹花。這個和店名有什麼關係嗎？經過詢問得知，是因為老闆娘非常喜歡牡丹花，而且認為是富貴的好兆頭。這樣的一種環境符號，會造成顧客對品牌認知的混亂，從而影響顧客對服務質量的評價。

這一點我們不妨多說一些。餐廳的主題裝修應該明確地體現餐廳的文化導向，並且最終為烘托菜餚而服務，是以向顧客提供菜餚這個核心產品為根本目的的，其他的諸如服務的功能、休閒的功能、文化的功能等等都可以看做是這一根本目的的延伸。所以，塑造特色是菜餚和其他形式並重的，不能一味地追求歌舞伴宴、後現代裝修，而要以菜餚為中心。

此外從環境裝飾的角度來說，要注意空間布局。具體來講，餐廳的空間布局會影響餐廳的層次、氣氛、情調。餐廳布局得寬鬆，就會顯現靜謐、高雅，適宜接待隱私性強的、高水準的顧客；餐廳布置得緊湊，就會顯得快捷，適合速食或者工作用餐。餐廳布局還會影響餐廳的服務質量。因為空間布局不同，顧客和服務人員的動線就不相同，是否形成良好的動線以及能否透過合理的布局使顧客和服務提供者形成良好的互動，都是空間布局的作用體現。因此，空間布局也是提供服務、保證質量的重要因素和環節。

　　要想進行合理的空間布局，首先要瞭解空間的種類。我們通常根據空間作用的不同將它分為三類：即用餐空間、公共空間和服務空間。用餐區域主要指顧客用餐的區域，包括桌椅之間的空間、餐桌之間的空間、用餐時顧客與顧客之間的空間等等；公共空間指不是用餐的公共區域，例如走廊、通道、洗手間、休息區域等等；服務空間是指服務提供所需要的空間，比如收銀臺的區域大小、備餐櫃的布置擺放、還有一些小型舞臺等等。而一個包廂這種分類就體現得比較明顯：餐桌及周圍是用餐空間，沙發、洗手間等是公共空間，衣櫃、卡拉 OK 設施體現了服務空間的概念。根據不同目標顧客市場的需求，餐廳可以強化空間的區隔或相對減弱空間的區隔。通常我們對應採取硬性或者軟性的功能區隔方法，硬性區隔指使用明顯的材料加以明顯的功能劃分，例如石材、板材等等；軟性的主要是指按照家具的擺放或者使用紗簾等將空間的功能加以隱晦的表明。但是不管硬性的還是軟性的區隔，都要秉承著相互照應、區隔合理的原則，不能讓顧客覺得不

方便，也要符合顧客的需求。比如，如果是做中低級市場的餐廳，就要儘量增加用餐空間，節約公共空間和服務空間，以免造成空間資源的浪費，而做商務客人的餐廳，只有擴大休息空間才能讓顧客覺得幽深放鬆。比如湘鄂情的菁英匯走廊寬闊，客人走著突然發現迎面是一面大玻璃鏡子，正不知所措時，大鏡子自動移開，原來是一扇自動門，這面鏡子的巧妙之處就在於既透過視覺的誤差擴大了公共空間的面積，又給客人「山窮水盡疑無路，柳暗花明又一村」的感覺。而餐廳裡的水池、竹林也占用了很大空間，確實給客人營造了一處心靈放鬆的港灣。

在實際運營過程中，大廳和包廂布局有不同的側重點和技巧。大廳的布局要注意如下五個方面：

（1）門口的過渡空間一定要處理好。俗話說得好：看人三分面。餐廳也是一樣，除了門面，餐廳門口是客人進入餐廳以後的第一印象，直接決定顧客對餐廳印象的好壞。過渡空間凌亂和擁擠是餐廳的大忌。著名的設計大師貝聿銘先生設計的北京香山飯店，一進大門是一扇灰白色的石材影壁，但是中間有一個大圓洞，後面是一個小水池和綠蘿，讓人能夠

香山飯店環境

望見後面的東西，但又看不真切，既使人眼前一亮又惹人遐思，這是貝大師充分借鑑了中國蘇州園林的設計思想，給中國飯店設計史上留下了一個光輝的里程碑。

（2）大廳的布局要合理分區。大廳設計多少餐桌容量，不僅要看顧客需求，還要考慮大桌和小桌的配比。要將大桌區域和小桌區域加以隔離，因為大桌顧客多，通常較吵鬧，小桌人少，需要安靜。而且大桌和小桌要相對整齊劃一，不能大桌插小桌，讓顧客覺得服務無序。其次要注意每一個小分區裡服務區域的設置，不能讓服務生跨過這個分區到另一個分區的備餐櫃取用餐具，這在繁忙時段很容易造成和顧客的擁堵碰撞，也不利於服務生及時迅速地為顧客提供服務。

（3）通道要具有方向性。通常會以餐廳門口為起始點，以通道方向對面的牆上醒目的壁畫或其他裝飾為引導，也可以用天花的走向為引導。必勝客安貞華聯店整體裝修採用偏藍色調，溫馨又浪漫，但是這家店的大門處空間侷促，一進門必須向右轉才能進入主用餐空間，必勝客透過在天花上裝飾波浪形邊緣的吊板，給人一種自然流動的感覺，又用暖黃色的小燈按照十二星座的位置加以裝飾，使人一進門就被這恍如天籟的設計所吸引，心中一片溫馨的自然而然地進入用餐區域。

（4）收銀臺要靠近大廳門口。收銀臺要能夠縱觀全局，這樣便於服務程序的設計，也方便急著結帳離店的客人。

（5）注意工作櫃的擺放位置。工作櫃儘量靠牆擺放，這樣不過多影響顧客的空間，也不影響通道的順暢，如果確實大廳的空間比較大，那麼建議兩個工作櫃可以相對而放，便於互相照應又可以最大限度地節約對用餐空間的占用。

對於包廂的空間布局要注意如下四點：

（1）餐桌大小的選擇要慎重。通常我們留給顧客的用餐活動空間為 30 公分，加上餐位深度 50 公分，再加上行進通道的距離 80 公分，還要乘以 2，就是最終的活動空間距離即 3.6 公尺，那麼一個包廂若擺 1.8 公尺直徑的十人臺的話，至少也要 5 公尺～ 5.4 公尺的寬度，如果少於這個寬度就要考慮減少餐桌直徑，以免顧客感覺侷促，減低了包廂的層次和舒適度。

（2）包廂裡可以充分地利用軟性區隔的方法。使用硬性區隔會使包廂視線狹隘，而且造成諸多的工作不便，使用軟性區隔就可避免這個問題。東坡餐廳戀日店的包廂，牆紙選用淡乳黃色底子上有對對游魚，柔和的燈光如一圈圈黃暈從羊皮燈裡傾瀉出來，桃紅色的紗幔從天花板上垂到地板上，將用餐區域和外邊的過道一分為二，裡面自有天地寬，讓顧客陷入了溫柔的氛圍之中，而不再覺得外面的事物紛擾，就是空間布局點睛的一筆。

（3）建立「空中樓閣」。包廂因為環境所限制，空間有限，可是為了滿足服務需求又必須設置若干用品台，而且為了顯現層次又必須配備電視機，這時可以向空中要空間——將電視機懸掛

起來而不是放在電視櫃上，將消毒櫃和備品櫃釘在牆壁中間，都是解決這個問題的好辦法。

（4）在牆上開出傳菜窗口。包廂的空間布局講究以客為尊，不能因為提供服務而干擾顧客，倪氏海泰海鮮餐廳的做法值得我們借鑑。倪氏海鮮的廳房長度很長但是寬度略顯不足，他們挖空心思在備餐臺上設置了一個可以上下拖拉活動的玻璃窗，如果某道菜餚做好了，傳菜人員將菜餚透過這個玻璃窗放在備餐臺上，玻璃窗就閉合了，如此既不會影響顧客，也不會因為開窗戶而讓外面的人對包廂的情況一覽無餘。

7．餐前

餐前最重要的是注意隨時保持員工的工作狀態。即使是在餐前，也有可能被早到或者路過的顧客看到，如果員工嘻嘻哈哈或者不夠遵守有關的衛生規定，都會給顧客留下相當不專業的感覺。所以在很多高級的餐廳，即使是在餐前擺臺，沒有顧客的情況下，仍然要求員工戴著已經消過毒的白手套，並且是以手指托住碗的邊沿擺放，而不是抓著碗的內壁擺放。

在比較優秀的餐廳，一般透過「餐前準備程序與標準」來規範餐前的準備工作：

餐前準備程序與標準

程　序	標　　準
餐前餐廳擺臺及桌椅檢查	1. 圓桌主位面向玻璃窗，正主位和副主位在同一條線上。 2. 各套餐具間距離相等。 3. 餐具衛生整潔、無破損。 4. 小方桌扶手椅橫豎在同一條線上。
餐前餐廳內衛生檢查	1. 圓桌上玻璃轉盤乾淨且居於圓桌正中，轉動底盤轉動自如。 2. 沙發及桌以平穩、整齊且乾淨，無飯粒、牙籤一類的雜物。 3. 餐車乾淨無汙物、油漬。 4. 餐具台乾淨且臺面上的玻璃乾淨如新。 5. 地面乾淨光亮，無汙漬，無雜物紙屑 6. 牆面、牆角無破損，無灰塵，無汙漬。
餐具儲備處	1. 餐具臺須存放足夠用的托盤、餐盤，且抽屜內應備有供正常翻桌使用的刀、叉、勺及其他餐用具，並分類擺放整齊。 2. 應急蠟燭是否備足。
檢查餐廳內的燈光照明情況、空調及背景音樂	1. 用餐前1小時打開鎖有照明設備，如發現故障，立即通知設備部維修更換(電話通知後補請休單)。保證用餐時所有照明設備工作正常，照明度適宜。 2. 用餐前1小時，檢查空調情況，保證餐廳溫度； 　冬季為22度至26度，夏季為18度至24度 3. 背景音樂按要求播放，音量適中，不影響客人交談。 4. 各電器設備電源開通，完好無損，處於最佳運轉狀態。 5. 所有調節開關靈活，無漏電隱患。
用餐準備	1. 用餐前15分鐘做好用餐準備，在餐具臺上面放好若干個托盤其他用具如餐盤、調味盤等也須在此時間內準備完畢。 2. 檢察開水是否新鮮。 3. 櫃內擺放整齊的菜單和酒水單，以供點菜使用。
檢查宴會預訂擺臺	1. 所擺餐位要符合宴會預訂人數。 2. 檢查客用宴會菜單印製正確程度，應印製清楚、乾淨，且據賓客國籍列印不同的宴會菜單(有中、英、日文三種)。 3. 鮮花新鮮，插花美觀。 4. 宴會指示牌乾淨，內容正確。

檢查餐廳 門、窗	1.餐廳正門和服務區域的門能正常使用。 2.開關任何門無噪聲發出。 3.門表面、把手清潔無汙漬 4.每天10點整頓座位打開所有的餐廳門
安全檢查	檢查應急燈是否正常工作，安全通道是否暢通。
檢查儀容儀表	檢查員工儀容儀表是否符合工作要求。

8‧節奏

服務的過程其實就是一個對顧客用餐節奏進行把握的過程，這要求我們熟知菜餚的寓意。請看個真實的例子：

小張是一家河南菜餐廳的主管，今天接待 40 桌婚宴，客人享用的是洛陽傳統的風味菜餚———水席。就在菜剛剛上了幾道，新人還在依次敬酒的時候，怪事發生了———在座的顧客開始紛紛離席，新人十分納悶，而雙方父母已經圍在小張面前要求餐廳包賠他們的損失。這問題就出在一碗雞蛋湯身上。按照酒席的一般流程，湯是先上的。可是在洛陽水席裡，湯是一場宴席的收尾之作，如果上了湯，就意味著宴席已經結束了。而今天的宴席實際上大菜還都沒有上桌，結果客人們一看湯已經來了，紛紛離席，還大說特說新人小氣，直把雙方父母氣得夠嗆。

如此一來，何來服務質量？

9·調整

餐飲服務無小事，只要是接受了顧客的預訂或者開門營業了，那麼就要保證不管遇到什麼情況，哪怕是突發事件，都應儘量保持專業的服務水準。所以，各項預案的制訂、完善、演練就顯得特別重要。

在這裡，我們重點強調的是菜餚的品質控制。菜餚品質是餐飲企業的核心，它的高低將會直接影響到企業經營的好壞，因此菜餚品質控制是一個老生常談的問題。但是，很多餐飲企業的菜餚品質卻出現了不穩定的現象，即總經理強調後好一些，過了一段時間就開始下滑，總經理再強調一次，質量就又上升一些，這種品質的不穩定從某種意義上來說，其危害性比單純的品質下滑還要嚴重。因此，若想有效地控制菜餚品質，必須從廚房菜餚製作和前廳流程配合的環節予以考慮。

原料申購單

申購庫區：

名稱	單位	規格	數量	到貨日期	備註

首先是菜餚的原料供應環節，要注意三個方面：

（1）採購與驗收

採購部門要按照廚房負責人的採購清單進行採購，採購的物品要符合廚房負責人提出的品質要求和時間要求，所以一份完整的「原料申購單」應該包括至少如下幾個元素：原料名稱、規格、單位、數量、購回時間等。如果不能夠及時購回，採購部門應該立刻向廚房負責人說明，並進行掛單處理。如果原料及時購回，對於原料的品質是否認可，應該予以及時的驗收。驗收分為兩大部分，一是書面驗收，一是實際驗收。書面驗收是指接貨人員根據「申購單」檢查進貨品類是否符合要求，另外根據送貨清單檢查進貨原料的數量和規格是否符合要求。實際驗收是指廚房技術人員對原料的品質進行認可。

（2）編制「食品原料採購規格書」

在實際工作中，有很多時候申購部門和採購部門就原料品質判定發生很大分歧，根本原因就在於判定標準不統一。要解決這個問題，必須事先編制「食品原料採購規格書」。「食品原料採購規格書」的項目應包括：原料名稱、原料用途、感官描述（外形、色澤、軟硬程度、氣味等）、技術指標（指原料的產地、等級、比重、規格、標準重量的數值等）以及彩色照片。

（3）原料的保管

原料的保管首先必須符合防疫衛生的要求，這裡強調冷凍原料的保管。按照 HACCP 的標準來說，冷凍庫的溫度必須保持在 -18℃，冷凍的原料一經解凍不得再次冷凍儲藏，所以要求廚房人員在操作前預估營業用量，然後按照用量拿取原料。所有的原料都要堅持先進先出的原則，同時嚴密監控各類原料的最長儲藏期。

食品原料採購規格表

類別：　　　　　　　　　　　　　　　　貨商名稱：

品名	編號	數量		規格		等級	單價	申購日期	到貨日期	有效日期		廠址	聯繫方式	備註
		申購數量	實收數量	申購規格	實收規格					出廠日期	到期日期			

驗收方法、過程說明：　　　　　　　　　　　　　　　　照片：

備註：

　　　　　經手人：　　　　　　　　　　日期：

其次是菜餚的製作階段，重點要強調兩個環節：

（1）原料的切割和上漿

加工是菜餚製作的第一個環節，故首先要檢查確認各類原料質量可靠，才可進行加工切割，並根據烹調做菜需要，明確規定加工切割規格標準，最忌諱切割不均勻。原料經過加工切割，大部分動物水產類原料還需要進行上漿，這道工序對成菜的色澤、嫩度和口味產生較大的影響，所以必須嚴格按照售賣預估進行，不能一次上漿大批量的原料，導致原料達不到正常上漿應有的標準。

（2）菜餚份量

菜餚份量不統一也是影響菜餚品質的重要因素。因此配菜人員對於各種菜餚的配料數量必須掌握精確，同時必須兼顧多單配菜，比如對於單獨客人不論菜多菜少，均應優先配好。

菜餚的具體製作過程實乃「鼎中之變，精妙微纖」，其質量控制尤其顯得重要和困難，故開餐前的準備工作不可輕視。各種調味料和鮮味汁的擺放位置將直接影響菜餚製作的最後品質，因此開餐前各個灶頭的用料均要擺放整齊並統一位置，以免發生人員臨時調配時甚至找不到調味料的現象；同時在開餐期間，配菜人員也必須隨時為灶頭添加調味料。

再次是菜餚傳遞階段，重點要注意：

（1）傳菜人員的成品檢查

主要是檢查菜餚從感官上看是否符合要求，例如色澤是否正確、香味是否濃厚、造型是否標準、盛器是否完整、佐料是否齊全，完全可以從傳菜環節予以控制。

（2）上菜順序的適當控制

例如同時製作出小吃和熱菜，應該先上熱菜，略等片刻後再上小吃，而不要不加控制，廚房製作好什麼就上什麼。

最後是菜餚餐桌消費環節，重點要注意：

（1）要在餐桌上完成的最後一道工序

有的菜餚要在餐桌上完成最後一道工序。例如「鍋巴蝦仁」，隨著服務人員的介紹和三鮮汁的倒入，鍋巴爆響，香氣撲鼻，客人才會體會到這道菜的精華。

（2）及時上桌

菜餚不能在備餐櫃上放置較長時間，要及時上桌。很多菜餚「一滾當三鮮」，當菜餚溫度降低時菜餚的味道就大打折扣，也引起客人對菜餚品質的不滿。

總而言之，菜餚品質控制是個系統工程，不可能依靠單一環節和單一部門的控制就一蹴而就，我們必須監控菜餚生產和消費的全過程，才有利於菜餚品質的保證。

10‧宴會

餐廳宴會接待是餐飲管理的重要項目之一，因為宴會客人是影響潛在客人消費的重要媒介，如何使宴會接待走向成功並給客人留下美好的回憶，將成為引起客人再次消費意願和誘發良好的口碑效應的決定性因素。

一個宴會的成功接待無疑和餐廳的環境、菜餚的質量有很大的關係，但是隨著客人精神需求的層次越來越高，無論如何，精心準備和策劃已經成為宴會接待成功的新的前提。宴會的策劃是以豐富的想像力為基礎的。敏銳的觸覺和豐富的想像力是籌劃一場成功盛宴的必要條件。籌辦一場既讓主辦方滿意，又能吸引賓客的盛宴能給餐廳帶來更高的利潤與更多的商機。

好的策劃必須圍繞一定的主題。這個主題不是根據餐廳的喜好而確定的，而是必須與來賓團體或公司的氣質相協調。比如說，一菸草公司的答謝宴會，餐廳選擇菸盒形狀的主題餐桌，在主要的位置飾以雪茄，可能效果會比司空見慣的鮮花效果要好。而一家手機公司的宴會，圍繞手機的主題也會較一般的主題給客人留下更深刻的印象。此處需要提出的是，很多小的裝飾造價很低但卻能造成畫龍點睛的作用，例如一個以「江南春天」為主題的宴會，

在牆上飾以漁網，錯落有致地掛著貝殼，餐桌上改成鋪藍印花布的桌布，上面不放慣常的鮮花，而是放了一個惠山泥人，令客人拍案叫絕。

成功的晚宴需要有特色，要超乎常人想像。別出心裁是很重要的。這就需要在宴會的安排和烹飪的風格上下功夫了。

餐廳必須重視所有的細節，重要的是餐前的溝通，包括：

（1）核對宴會接待的人員，每個人要明確各自的任務；

（2）走場預演的時間——每個人員如何行進，行進的通路如何更加合理以避免和客人發生更多的交叉；

（3）物料的準備——需要注意的是客人預訂的同一品牌的酒水會不會因客人人數的臨時增加而出現不夠的情況，這會令客人大為掃興；

（4）預測問題並向每一個接待人員提供解決方案，例如天氣發生變化時的應對方案；

（5）相關的協調部門的工作時間表——要保證服務的流暢性，往往一個環節銜接不上，就會制約所有環節的準備工作；

（6）菜餚的盛器要超凡脫俗，緊扣主題，不能所有的主題都用同樣的盛器。

所有的餐前策劃需要宴會前的溝通會議予以進一步的明確。這也是通常的做法，但是很多餐廳面臨著餐前會的效用比較低下的問題。這和餐前會的形式有很大關係，我們不妨改變餐前會管理者主講、布置任務的形式，而代之以能活躍員工的形式，例如

大家一起唱一首快節奏的歌，互相擊掌或者圍起圈來握手鼓勵，或者主持會議者提問有關宴會準備工作的問題，讓員工回答，這些都是行之有效的辦法。

在宴會方面，還有很重要的一種宴會形式，就是自助餐。自助餐的基本服務在很多教科書中都有論述，這裡不再贅述。我僅從實踐的角度來說說自助餐餐臺的設計如何做到富有新意，要知道，充滿新意的自助餐臺將為整場宴會錦上添花。

自助餐要避免千篇一律，以獨特的餐臺設計吸引顧客。我們知道食品同樣需要設計。知名的餐廳「藏酷」的每一道菜上桌前，都有視覺指導師來把最後一道關，新菜設計也要經過視覺效果驗證這道關。這從一個側面說明，飲食設計大有可為，而自助餐餐臺設計，是我們需要總結和創新的一個重要方面。

要想設計一個富有新意的自助餐餐臺，首先我們要牢記兩個原則──質量和戲劇效果。確實，我們設計自助餐餐臺的目的就是透過餐桌展示給顧客餐飲的質量和戲劇效果，從而帶給顧客獨特的用餐經歷。這兩個最重要的因素包括一些基本要求，見下頁表：

質量與戲劇效果所包含的因素

質　量	戲劇效果
新鮮誘人的	獨特體會
原料時尚健康	顏色和諧而有優雅的美感
食品即明星	如戲劇般展開來的用餐過程
菜品本身適當	戲劇需要配角

具體來說：首先，自助餐餐臺帶給客人的第一感覺應該是食品豐富、新鮮、健康而又時尚。其次，再好的餐臺設計也是一種形式，形式是為表現內容而服務的，在餐臺上最顯眼的明星應該是食品本身，當然食品本身製作適當是基本要求；再次，既然要想給顧客帶來獨特的用餐感受和體驗，就要使自助餐的進行如同一場戲劇，圍繞一個主題，在自助餐桌的引導下逐步拉開序幕直至高潮呈現，並有一個完美的結尾。所有的顧客都應該在自助餐的過程中得到視覺和味覺的雙重享受。

　　這些具體要素可以看做為自助餐餐臺設計的基本要求，那麼怎樣才能達到上述要求呢？我們應該主要考慮並預先設計如下八大方面：

　　（1）品種。首先要考慮這次自助餐的主要提供品種是什麼，我們才能設計出自助餐餐臺的主題。主題如同畫作中的線條，艷麗的色彩要在線條內調配，否則，色彩再艷麗，脫離了線條就是一幅塗鴉之作。比如這次自助餐的主要品種是營養新蔬菜，例如美國生菜、芽球菊苣等，餐桌上就不應該設計擺放貝殼等體現海洋原材料特點的元素。

　　（2）色彩。首先要考慮主色調是什麼，例如法餐自助餐，主色調就基本上選用法國國旗色——紅、白、藍三色，並加以較好的體現。其次，色彩怎麼才能具有跳躍性？在餐桌上不能將大面積的同一色系的食品放在一起，這會給顧客造成呆板、食品不新鮮的感覺。

（3）質地搭配。質地搭配首先是食物的搭配。在餐桌上過多的紅色肉類放在一起會給客人油膩的感覺，而過多的蔬菜放在一起又會讓人覺得食品的層次不高，大有「蘿蔔開會」的嫌疑。其次是餐桌本身和食品的搭配。如果是大理石臺面的餐桌，上面又擺放了很多麵包和糕點，就會讓顧客聯想到「堅固、陳舊」等暗示性的詞彙，就需要我們改造餐桌材質，例如鋪上一層質地很好的棉織臺布，就會讓顧客有鬆軟的感覺；或者將貝類挪過來，就會相得益彰；也可以擺放新鮮的葉菜，在對比中突出菜餚的鮮嫩。

（4）烹飪法的搭配。在餐桌上烹飪法相同的食品儘量放在一個區域，而要避免跳躍，若是大型自助餐，可以考慮主要菜餚在不同區域均放置。自助餐顧名思義很少提供餐中服務，顧客習慣按照個人口味在固定區域找到同一烹飪方法的菜餚，而不必東奔西顧。而從另外一個角度來說，同一烹飪方法的菜餚在同一區域從口感上來說互相影響也最小。

（5）裝盤。菜餚裝盤也是餐桌設計的一個主要方面，裝盤沒有固定的模式，但是要在和諧中追求不同。材質要配合菜餚，例如麵包通常盛裝在扁柳條筐中，可是如果換作原木紋質的圓盤，一樣能取得襯托出麵包鬆軟的效果，又令顧客眼前一亮。另一方面，盛器的造型要多種多樣，形狀各異，才能給顧客琳瑯滿目的視覺衝擊。

京倫飯店自助餐——麵包盤

（6）進餐流程。自助餐是一場靠自助餐餐臺引導的戲劇，自助餐餐臺的設計必須考慮到用餐的流程。首先是顧客的動線。餐桌不能干擾顧客的行動方向，否則會造成用餐時顧客之間的混亂；其次餐桌上的食品必須按照進餐的順序擺放，不能顧客在拿了例湯之後，一看前面擺的是冷素菜，後面擺的是冷葷菜，這樣就造成了顧客之間的擁堵；或者顧客選取了涼菜之後，緊接著擺的卻是水果，讓顧客一頭霧水。

（7）配飾。首先，配飾應有一個主要突出物，比如自助餐的主題是「老北京風情」，那麼紅燈籠、風車應該成為主要突出物，而不是大盆大盆的鮮插花。其次，自助餐的配飾應該多選用小而繁多的，比如鮮切花，選用花頭小而枝數較多的以色列玫瑰，就比大朵的陽光玫瑰顯得新穎、活潑。

（8）空間擺放。在決定自助餐桌子的大小和形狀之前，必須首先確定用餐分區的數量，然後是自助餐臺的大小，最後考慮設計哪種形式為好。猜想大小時，應始終給每盤食物安排出 0.09 平方公尺的空間以便旋轉碗或碟子，特殊尺寸的鏡盤還要現場試驗一下。在猜想擺上臺子食物數量時，應記住把不能吃的東西也計算進去，如裝飾物、空碟堆、磨胡椒籽的小罐、花飾以及客人要求放的其他物品（如吉祥物或小旗、特殊紀念品）。其次，食品的擺放應該錯落有致，不能全部放在同一平面上，可以利用鐵架、菜盤下墊魚缸等方法使菜餚的擺放層次分開。

如果說以上八條是自助餐餐臺設計的基本考慮方面，那麼怎樣提高自助餐餐臺的擺設水平呢？我們可以嘗試如下的方法：

（1）利用食品原料來作為色彩的調節。京倫飯店法國食品文化節自助餐的擺臺（下頁圖上），在海鮮餐盤裡周圍用彩椒等蔬菜圍邊，既以蔬菜的新鮮暗示海鮮的鮮活，又增添了海鮮類食品的色彩，誘人食慾。

（2）使用反射鏡面作為背景。在餐桌上怎麼才能顯示出食品的豐富？在幾層食品的背景上用玻璃鏡面作為襯底，就會取得琳瑯滿目、食品豐富的效果。

（3）越靠近顧客的擺設越要化整為零越要細膩。這樣才會給顧客留下精雕細刻的感覺，我們來看圖片（下頁圖下），精美的盤飾給用餐的顧客留下了深刻的印象。

京倫飯店法國食品文化節自助餐

京倫飯店法國食品文化節自助餐

（4）可以適當自製一些炊具和用具。如 38 頁圖片中的麵包盤就是用在宜家家居購買的餐具，經過簡單的加工組合而成，層次分明，給顧客食品立體化的感覺，同時木盤又給顧客樸實回歸自然的感受。

（5）擺放餐具的餐桌也應該加以裝飾。因為顧客追求的是整體感受，如果顧客感受到你在非銷售主體桌——餐具桌上都用心、有誠意，就會體會到你在食品桌上的良苦用心和精心準備。

只要我們遵循自助餐餐臺設計的基本原則，而又能考慮到餐飲的主題，以顧客的角度推想和設計用餐的方便性，如同拉開戲劇的大幕一般去設計自助餐餐臺，就會帶給顧客良好的用餐感受和驚喜。

11．收銀

收銀不是這次服務的結束，而是開啟了下一次顧客消費之門。重視收銀環節，重視收銀的準確性、快捷性，是收銀的基本要求。

從另外一個角度來看，一些餐廳的大客戶或者頻繁用餐的顧客會提出簽單的請求，為了留住顧客，很多餐廳就同意了簽單。但是結果往往發現事倍功半，經常有顧客對單時刁難餐廳單據不明確，不僅引起糾紛和損失，甚至還有大量的壞帳難以收回。這讓餐廳很被動，所以在這個環節方面，我們也要重新反思簽單的風險和如何加以有效的管理。

首先讓我們看一下簽單的風險包括哪些，這些風險就是簽單的隱性成本，往往被餐廳忽視。首先，簽單有機會成本在內。什麼是機會成本？就是「魚和熊掌不可兼得」，當你選擇了熊掌的時候，失去的魚的價值就是你的機會成本；當你同意顧客簽單的時候，以為釣著長久顧客這條大魚而暗自欣喜時，簽單不能全部收回的風險以及選擇現金付帳而提前回收資金用以其他投資的收益就是餐廳的機會成本。這個機會成本要視顧客的信譽度和簽單數額而定。其次，當餐廳為管理這些簽單而加大管理力度時，又會產生管理成本。財務人員、相關流程、環環相扣的操作都是管理成本。最後，簽單還要預防壞帳損失。很多餐廳去要帳的時候，發現顧客已經人間蒸發，餐廳幾萬乃至十幾萬的辛苦錢付之東流。

　　既然明白了簽單有這麼多的風險，那麼簽單是不是就不能做了？要看餐廳如何衡量目前的位置和投資方向。當餐廳面臨長期投資時，最好減少簽單的數額；當餐廳的資金槓桿效益比較低時，也要減少簽單。但是，可能大多數餐廳面臨的不是要不要簽單的問題，而是如何有效管理簽單的問題。那麼，就讓我們透過案例來看一下成功企業是怎麼有效地管理顧客簽單的：

　　L 餐廳是一家開業運轉 6 年的餐廳，以中高級顧客為主要市場，顧客結構呈現明顯的橄欖形。餐廳有大量的簽單顧客，每年的壞帳損失占總營業額的 6.7%，這是一個驚人的數字。為了減少損失，必須有效地管理簽單。L 餐廳主要做了五項工作：

1．首先確定了簽單風險責任制。由於各級員工依靠任務完成情況拿獎金，而任務指標中營業額和利潤率都是主要指標，所以規定在簽單沒有收回時一律不計入營業額，而簽單收回時計入當月營業額。這樣每個員工管理簽單的積極性都被啟發了。

2．做好顧客的信譽分類。從帶位到服務生，從財務核算到吧臺收銀，這四個職位緊密相連起來，隨時更新顧客的信譽等級。顧客未出現任何簽單問題的規定為 5A 級顧客，當顧客成為 3A 級時，就取消了顧客的簽單權。

3．簽單實行同意權限管理。能否同意顧客簽單必須由店經理報經營副總審核才能備案，顧客第一次簽單情況必須反饋給備案的市場營銷部。當顧客簽單時，服務生必須報知前廳經理或者店經理，前廳經理的權限和店經理的權限有所不同，前廳經理只能同意每次 3000 元以下的簽單，並且每月不能超過 15 次，而店經理可以簽字認可備案同意最高金額的簽單。

4．建立風險預警機制。市場營銷部必須每月更新簽單顧客的訊息，拜訪簽單顧客，既瞭解顧客意見，也要透過所見所聞例如顧客公司的運轉情況、辦公環境甚至顧客聊天中透露出的訊息，來綜合評價簽單顧客的信譽動態，對簽單顧客的權限和資料也及時更新。

5．加強財務日常操作監控。主要是支票的及時核對，避免支票印鑒不清引起的糾紛或者帳上無款。對於第一次打交道的簽單顧客通常預估消費金額予以支票倒送。另外對於經理沒有簽字認

可的簽單，財務人員有權不予承認，並向上級反映追索。

　　除了以上的原則外，L 餐廳還形成了規範的制度流程，讓全體員工學習：

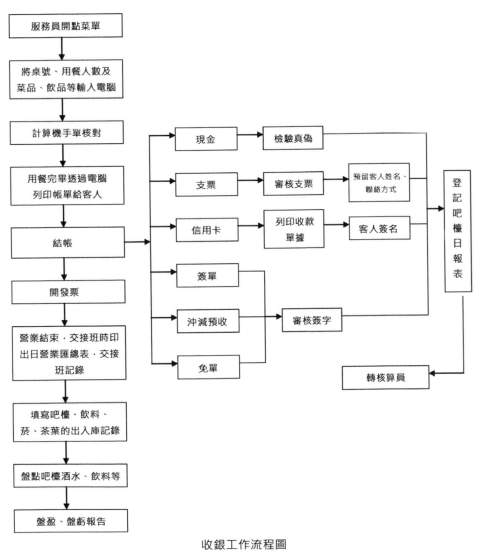

收銀工作流程圖

這個收銀流程對各種結帳方式加以規範，保證了簽單風險降至最低。

透過以上管理，簽單的損失降到最低，L餐廳終於解決了這一困擾已久的問題。

12・回憶喚起

回憶喚起其實是在所有的服務經歷中最易被忽視而又最重要的一個關鍵點，因為它是所有服務的指向目標。如果我們能夠透過在顧客進入餐廳前和餐間所提供的良好服務，讓顧客始終對餐廳印象深刻，從而對顧客保持持久的吸引力和美譽度，將會為餐廳的利潤保持立下不可磨滅的功勞。

利苑餐廳

利苑是非常知名的一家餐廳。這和他們的管理人員始終重視顧客回憶喚起是分不開的。董先生某天收到利苑管理人員的一條簡訊：「20 號，星期四晚上有一條大蘇眉，有時間過來品嚐，吩咐我留下特別部位。謝謝，利苑馬經理。」看到這條簡訊，董先生心裡很舒服，說明利苑的員工不僅記著這位老顧客，而且會為他留下特別的部位，於是他決定把近期一個重要的招待訂在利苑。

　　回憶喚起在整個服務過程中占有很重要的一部分，在服務─利潤鏈中，回憶喚起這種技巧造成了推波助瀾的作用。

三
實際工作中的應用方法

在實際工作過程中，我們通常使用識別檢查節點的方式使顧客的消費過程受到督導和控制。在工作方法上，介紹大家使用表現為全過程、涉及到前後環節的督導檢查表（見下表）。

店督導檢查紀錄表

餐廳經裡：　　　　　　　　　　　　行政總廚：

檢查日期：　　　　　　　　　　　　檢查人：

分類	檢查項目	一層大廳	二層雅間	總分
餐廳整體感受	1.餐廳的裝飾物是否符合顧客市場定位，花木新鮮無雜物			
	2.餐廳的出入口無雜物，通暢明亮			
	3.餐廳地面無明顯腳印；無水痕、無汙漬、無雜物			
	4.光線符合顧客要求，明亮而柔和			
	5.餐廳氣溫、濕度宜人，空氣新鮮無異味			
	6.無顧客可以直接見到的掃帚、畚箕、拖把			
	7.無蚊蠅、無蟑螂、無其他飛蟲			
	8.窗台、窗戶乾淨			
	9.餐廳綠植數量足夠、植株形態大方、無黃葉			
	10.每席位的餐椅整齊、劃一			
	11.餐桌臺布無破損、無皺褶、無油斑			
	12.轉盤無指紋，定位準確，轉動靈活、不偏斜			
	13.就餐區域的餐具、桌卡乾淨、無破損			
	14.每餐位空間均分，擺放統一			

	15.口布無毛邊、無汙垢，疊好後長短、粗細一致，口布環無破損			
	16.水瓶墊、防塵墊、地毯無雜屑、完好；水瓶外殼無水斑			
	17.玻璃杯具光、潔、澀、乾			
	18.滅火器乾淨、有效			
	19.接手櫃櫃門無起翹，開閉靈活，無破碎，把手齊全			
	20.垃圾桶桶壁清潔，內部垃圾不超過四分之三，無異味			
	21.員工通道無雜物，保持清潔			
餐	22.客用衛生間空氣清新、環境整潔，便池無汙垢			
廳	23.客用梳子乾淨，護手霜等外殼乾淨			
整	24.烘手機完好或紙張充分			
體	25.衛生間梳妝台、鏡面乾淨無水痕			
感	26.服務員的儀容儀表符合要求			
受	27.服務員做到微笑服務			
	28.服務員了解準備餐櫃內備用餐具標準量			
	29.服務員隨手關燈、關閉水龍頭			
	30.服務員會正確操作餐具消毒櫃			
	31.工作期間同事溝通使用規範與語言，態度和藹			
	32.員工熟知崗位職責和主要工作程序			
	33.對於服務，員工清楚質量標準			
	34.員工清楚菜品外形和感觀標準			
	35.公司新的信息和標準傳達及時			
	36.生啤酒機、攪拌機、碎冰機、榨汁機、咖啡機等完好、無灰塵、無水斑			
	37.玻璃用具保持光、潔、澀、乾			
	38.櫃臺墊布潔白、整齊			
酒	39.工作區域乾淨、整潔			
吧	40.地面整潔、無水痕、無汙漬、無雜物			
區	41.所用原材料無變質，保持質量和新鮮			
域	42.吧檯員熟知酒水每日存量並及時補充			
	43.吧檯員儀容儀表符合要求			
	44.外擺酒水牌乾淨、正確、醒目			
	45.酒水帳帳實相符，記錄及時			

	46.待位區域的椅子整齊乾淨			
	47.報紙有時效性，雜誌無破損			
	48.訂餐檯標示明確，整潔專業			
帶位與收銀	49.帶位員、業務員、收銀員的儀容儀表符合要求，衣服無皺褶			
	50.等位卡乾淨			
	51.帶位員熟知當日訂位情況			
	52.點餐本記錄完整，分類明確			
	53.顧客檔案及時補充，員工熟知顧客的檔案			
	54.桌卡新菜和換檔、促銷信息及時更新			
	55.營業存款及時上交			
用餐服務	56.服務員對於顧客要求反應敏銳			
	57.點菜時與客人距離合適			
	58.點菜時有效推銷			
	59.點菜記錄菜品正確			
	60.使用系統熟練和迅速			
	61.酒水及時上桌，高檔酒水服務規範			
	62.水吧出品符合標準，果汁均勻			
	63.海鮮展示靈活，符合標準			
	64.海鮮份量在點菜單上記錄準確，顧客明瞭			
	65.服務員熟知菜品原料、酒水相關知識			
	66.菜品上菜順序合適			
	67.顧客點菜特殊要求得以準確滿足			
	68.臺面及時清理雜物			
	69.及時撤換骨碟(做好食品確認)			
	70.服務員走動服務到位			
	71.分菜及時、規範			
	72.餐盒和紙袋準備齊全，打包迅速			
	73.送客真誠，面帶微笑，提醒顧客物品帶好			
	74.收尾工作迅速有序，翻桌及時			
	75.天花板、牆壁無脫落，乾淨無油汙			
	76.地面無過多水漬，無過多雜物			

	77.洗手和手部消毒措施應用有效			
	78.紫外線消毒燈使用及記錄合理			
	79.冷凍和冷藏冰箱溫度符合要求			
	80.廚房地溝無雜物、無異味、防鼠網完好			
	81.廚房垃圾桶加蓋，桶壁乾淨			
	82.廚房沒有擺放產生二次汙染的清潔用具			
	83.砧板無毛屑，消毒方法正確且頻率符合標準			
	84.擦廚具和擦爐臺、流理臺的抹布分開使用			
	85.各種周轉箱、收納盒乾淨、有蓋			
	86.原材料無變質，保證質量和新鮮			
	87.菜架乾淨、整齊，分類擺放			
廚	88.砧板分類使用(海鮮、禽肉、蔬菜)			
房	89.原材料清洗分開(海鮮、禽肉、蔬菜)			
設	90.煙罩無油汙，吸力符合要求			
施	91.蒸箱完好，蒸汽達到食品製作要求			
設	92.廚師制服乾淨、配套、扣子扣好			
備	93.廚師髮型合適，指甲清潔、修剪合適			
及	94.不得靠爐臺站立，工作期間狀態專業			
衛	95.配菜準確，照顧到多單配菜的時間調整			
生	96.調料節約，做好調料缸的及時清潔			
管	97.及時估清並及時傳遞訊息			
理	98.滅火毯乾淨、有效			
	99.冰箱內外部乾淨，內部分類存放			
	100.冷葷間垃圾桶加蓋，桶壁乾淨			
	101.各種加工用具、刀盒、冰鏟盒乾淨			
	102.冷葷間的二次更衣間雙層門會隨時關閉			
	103.冷葷間做到二次更衣			
	104.冷葷間溫度在25度以下			
	105.各種盤飾消毒			
	106.冷葷間各種周轉箱、收納盒乾淨、有蓋			
	107.原材料無變質，保證質量和新鮮			
	108.菜庫地面上無直接放置的原料			
	109.菜庫應該放整齊，做到先進先出			
	110.海鮮缸清潔，水中無雜物、無異味			

洗碗間	111.洗碗間儲物櫃乾淨整齊			
	112.洗碗間地面無過多水漬，無過多雜物			
	113.餐具洗滌一沖、二洗、三消、四清			
	114.餐具雙消毒設備完善			
	115.洗碗間人員能夠準確說出標準消毒程序			
廚房作業	116.菜品製作時間符合顧客正常期望			
	117.米飯的軟硬適中，溫度足夠			
	118.菜品色澤正常			
	119.菜品份量符合標準			
	120.邊角餘料充分利用			
	121.配菜份量標準			
	122.前廳、後廚對菜品訊息的溝通有效			
	123.廚房人員應能快速、準確地烹製顧客所點菜品			
	124.值班時收尾工作有序、有效			
保衛安全	125.保安形象專業			
	126.車輛指揮及時，指引手勢正確			
	127.保安對顧客交流保持禮貌，做到「禮儀保安」			
	128.員工熟知滅火器的使用知識			
	129.滅火器乾淨有效			
	130.保證各出口的保衛安全			
採購與存儲	131.各種採購單據及時簽字確認			
	132.貨品帳目記錄準確，帳實相符			
	133.庫房擺放合理			
	134.抽檢散裝貨帳實相符			
	135.貨品標籤和進貨時間規範			
	136.庫房帳目記錄及時準確			
	137.供應商臺帳完整			
財務部	138.電腦系統乾淨，問題及時報修			
	139.熟悉支票、信用卡、簽單的結帳流程			
	140.財務室乾淨、整潔、安全			
日常管理	141.培訓計畫認真執行			
	142.員工休假條按正確程序操作			
	143.各管理人員工作日記規範			
	144.日常記錄上有部門主管的簽字			

宿舍管理	145.地面衛生乾淨			
	146.床鋪整齊規範			
	147.床單、被單、枕頭套乾淨			
	148.床上私人物品擺放整齊			
	149.牆壁無過多私人裝飾			
	150.臉盆、鞋類擺放整齊			
	151.安全用電			

督導項目： 項　　扣　除： 分　　總　分： 分　　指　數：

駐店總經理簽字：

註：1.優異=5分；超出期望=4分；達到期望=3分；待提高=2分；不滿意=1分

　　2.採用觀察式檢查方式。

　　透過上面的表格，實際上是把全過程經歷結合全面管理過程節點化，讓關鍵時點受控。

四
餐中服務的 11 個關鍵點

接下來，我們把餐飲服務本身這個節點放大，從這個小節點中再找出 11 個關鍵節點，從而更為細緻的分析服務。

1．帶位服務

帶位對任何一位到來的客人都要表示出歡迎，並安排、幫助客人落座在客人喜歡或認可的座位上。對等待中的客人要給予適當的安撫。

這需要帶位人員把生活的經驗融入到工作中去。

香港東方文華酒店的老馬是一位年過六旬的「老」服務生了。但是卻是酒店不可或缺的一名員工，因為很多顧客都十分欣賞他的服務。他慈祥的笑容和對顧客需求的敏銳觀察力，為他的服務增添了無窮的魅力。一次，一位女士經過大門，一陣微風吹來，下意識地合起雙臂收了一下肩膀。結果她入座不到三分鐘，老馬已經輕輕地走到她的後面，為她披上了一條柔軟的披肩。讓客人在感動之餘，也被老馬的觀察力所折服。

在中國內地，餐廳更喜歡用年輕漂亮的女孩子擔當帶位人員，這本是一件好事，但是在培訓的過程中，一定要注意的就是，漂亮的帶位人員不是以她自己為中心的，而是一切以顧客為中心，敏銳地發現顧客的需求，安撫候位之中的顧客。

2．服務生快速、適當地提供餐前服務

餐前服務不僅僅意味著快速，更重要的是適當。當幾位不常見面的老朋友正在高聲暢談的時候，我們按照服務流程前去詢問客人需要什麼酒水，然後為客人上小毛巾，之後又給客人介紹特色菜餚，就不是為顧客服務，而是打擾了我們尊貴的客人。

3．幫助客人確認所需要的飲品、食品內容

隨著菜餚的製作工藝越來越紛繁，僅僅透過菜名，我們已經很難完全清楚地表述菜餚的內容，這樣一來，客人的理解和餐廳的理解就難免出現差異。在這種情況下，如果我們還是按照原來的操作流程，僅僅是重複菜名，就很容易讓顧客產生誤會，從而對我們的服務表示不滿。

4．在 3 分鐘內為客人準確地提供酒水服務

在客人沒有其他要求的前提下，應該在 3 分鐘內為顧客準確地提供酒水服務。在葡萄酒越來越被國人接受和喜愛的今天，我們應該認真地研究葡萄酒和中餐的搭配，不能僅僅停留在紅酒配紅肉、白酒配白肉的膚淺理解上。

大董在 2008 年 11 月舉行了生蠔和薄酒萊新釀紅酒的聯合促銷活動。這兩種產品成為美食和美酒的絕妙搭配。用嘉美葡萄釀製的薄酒萊新釀每年 11 月第三個星期在全球限量上市，2008 年

的薄酒萊新釀在 2008 年 11 月 15 日登陸北京，成為大董品牌帶給顧客的又一驚喜。薄酒萊新釀濃郁的鵝莓果、覆盆子和紅醋栗的芳香，遭遇大董精選加拿大生蠔難以形容的鮮甜滑美，成就真正的美食老饕一次可遇而不可求的美食經歷。至今這一大膽搭配仍為很多顧客津津樂道。

5‧按正確流程提供食品服務

餐飲服務本身的規格體現在「重儀」、「重等」上，在中國尤為重要。服務本身沒有差別，是因為我們透過一定的流程、一定的儀式、一定的級別方法使它分出高下。其中，食品的上撤順序尤為重要。一般來說，我們主張的順序為涼菜、湯、主菜、大菜、蔬菜、點心、主食、甜品。在中國，在餐前提供茶水，餐後提供水果。我個人倒是覺得可以提示顧客餐前減少飲茶量。餐前飲茶，對於胃液沖淡較多，不利於人體消化食物，所以，也有的餐廳經過研究，將流程改為了「餐前水果飯後茶」。不管怎麼說，這是一種對食品提供流程的關注與重視。

6‧餐中服務

提供餐中服務時，服務生要表現出隨時為客人提供幫助。我還記得自己在早期的培訓過程當中，培訓服務生的標準站姿——「兩腳自然分開或成 45°丁字步，雙手自然下垂，面帶微笑，目視前方……」有錯嗎？似乎沒有，所有的教科書上都是這麼說的。可是實際運用中就會出問題。初做服務生沒有那麼高的靈活性，而

有素質的客人絕不會高聲叫嚷「服
務生」，只是以眼光探尋服務生的
目光，然後示意需要服務，可是沒
有服務生及時注意到顧客的需求，
為什麼？都在「目視前方」呢。所
以，有的顧客半開玩笑地說：「你

們的服務生是會微笑的柱子。」在這裡，我們強調，任何動作、
行為如果不能表現出隨時服務性，那麼就是僵化的、失敗的。我
們在做一切事情的時候，都要隨時的為顧客提供幫助。

7．客人催菜的處理

　　我們要高度關注客人催菜的處理。對於中餐行業，我們提倡
慢餐，但是也要有一個合理的等待時間。這需要服務人員和管理
人員密切注意每一份訂單。也要設計能夠對訂單的操作時間進行
控制的架構，比如對打荷王或傳菜劃單員的細化管理。

　　還有一種情況就是配菜員出了問題。我監控過幾家企業的廚
房，曾經在配菜員的身上發現了一個共性的問題：訂單道數多的
先配菜。問他為什麼這樣做？他的回答也很有道理的樣子：道數
多，不能讓客人一直等著，先配好了，一道一道的出去，能夠保
證上菜時間。這樣的說法對不對呢？我們在這裡，要先插著講一
下時間的問題。如果你上菜速度很快，那就沒有問題；如果是需
要等待，那就要認真的研究一下「等候原則」。

等候原則

1　空閒等候比有事做的等候感覺時間長

2　沒進入程序的等待比進入程序的等待感覺時間長

3　有疑惑的等待感覺時間長

4　沒有時間範圍的等待比預先知道的、明確時間的等待
　感覺時間長

5　沒有解釋的等待比有解釋的等待感覺時間長

6　不合理的等待比合理的等待感覺時間長

7　越有價值的服務，客人等待的時間越長

8　單獨等候比集體等候感覺時間長

　　等候的這八條原則，是時間科學的一種詮釋。第一條告訴我們，人在無聊的時候，會覺得時間過得很慢。這很好理解。可是為什麼這麼好理解的原則，在配菜的時候就出問題了呢？究其原因，根本還是在於服務人員沒有把「顧客意識」深深地扎根在腦子裡。

　　從「顧客意識」的角度出發，哪怕是作為後線人員的配菜員，也要思索，如果是道數多的訂單，一般都是用餐人數較多，大家在等候的時候彼此聊天、聯絡感情，時間過得飛快，哪還擔心菜有沒有上桌？相反倒是那些只有一兩位的客人，形單影隻或是準備餐後回去上班，一直盼望菜餚快點上來。所以，我們既然接受了訂單，就要做到顧客滿意，還是先配道數少的訂單吧。

8·要及時確認客人的滿意度

客人是否滿意，不能僅僅依靠服務生自己的判斷。要知道，對服務的不滿，客人往往是不願意說出來的。

想想這些統計結果

- ■ 當顧客心中有抱怨時：
    - ■ 4%會告訴你
    - ■ 96%默默離去
    - ■ 其中，90%不會再光顧
- ■ 顧客為何不上門
    - ■ 3%搬家
    - ■ 5%和其他同業有交情
    - ■ 9%價錢過高
    - ■ 14%產品品質不佳
    - ■ 68%服務不周
- ■ 惡名昭彰
    - ■ 一位不滿的顧客平均會將他的報怨轉告8~12人
    - ■ 其中有20%還會轉告20多人
    - ■ 當你留給他一個負面印象後，往往還得有12個正面印象才能彌補
- ■ 化抱怨為玉錦？
    - ■ 將顧客抱怨、不滿妥善處理，70%顧客會再度光臨
    - ■ 當場圓滿解決，95%會再光臨
    - ■ 平均而言，當一個顧客的抱怨被圓滿處理後，他會將滿意的情形轉告5人
- ■ 你能「喜新厭舊」
    - ■ 你吸引一位新顧客的力量，平均是保有一位老顧客的6倍

所以，對於我們來說，及時確認顧客的滿意程度是必須遵守的一個服務流程。

當然，還可防範下面這種情形，請看如下的例子：

小張在一家淮揚菜館上班，工作了兩個月，基本沒有遇到什麼刁難的客人。這天，一桌看起來很和善的客人點了店裡的招牌

菜「黑椒生炒鱉」，這道菜一改傳統鱉的做法，使用了切塊炒的方法，又融入了黑椒濃烈的辛香，是廣大顧客非常喜歡的一道菜。可是今天的客人有點不同，提出不要黑椒，因為不喜歡黑椒的味道。小張經過詢問廚房，答應了客人的要求。

菜上桌了，客人們吃得很高興。小張按照慣例當骨碟超過三分之二的容量時，為顧客更換了骨碟。等客人吃完了，提出投訴：生炒鱉裡面沒有鱉，飯店是欺騙顧客。小張覺得頭一下就大了，怎麼可能呢？可是客人大吵大鬧，讓小張把證據拿出來。骨碟已經更換過兩次了，小張沒有辦法，只好趕快向經理彙報了事情經過。經理最後只好給客人免了單，並且批評了小張。小張感到很委屈：我到底錯在哪了呢？

小張到底錯在哪了呢？最主要的問題就是沒有及時確認顧客的滿意度。如果在客人用餐的過程中，小張問一句：「幾位貴賓，今天的鱉味道如何？」客人們有了反饋訊息，這樣的問題就會最大限度的減少。

9．餐中、餐後的有效銷售

很多服務人員不願意推銷，因為他們或多或少的認為，推銷是一種不好的行為。這個觀念是非常錯誤的。客人到餐廳用餐，各方面都需要幫助，尤其是菜色的選擇。每一名服務人員都要展現服務專家的風采，為顧客提供好的建議。推銷是建議的一個副產品。

筆者在萃華樓吃飯，作為一所老字號餐廳，萃華樓在服務程序改進上沒少花心思。萃華樓經營的是傳統魯菜風味，魯菜比較油膩，很多客人吃不了幾個菜就放下了筷子，而回到家後又感到沒吃飽。怎麼解決這個問題呢？萃華樓的總經理首先讓廚師們創造出了改良版的點心「雪梅娘」，這種點心涼爽宜人，在顧客吃了幾道菜後，就會有服務生笑意盈盈地問客人：「您好，先生，是否嘗一下我們的新點心『雪梅娘』，味道和您今天的菜很搭配。」大部分的客人都欣然接受，吃完「雪梅娘」後，嘴裡一清，食慾重振，對後面的菜餚大為讚賞。如此一來，不僅增加了營業額，還為顧客創造了良好的消費體驗。

10．對客人的付帳表示感謝

對顧客的消費，我們應該表達出發自內心的感謝。但是很多餐廳越來越把這一點做成了「形式主義」。對顧客因為信賴而選擇我們的餐廳用餐，這種感激之情要內化於心、外顯於行。

海底撈為什麼那麼興隆？還被評為 2008 年度美食風暴十佳連鎖餐廳之一？同樣是火鍋，取勝的不僅僅是鍋底味道，還包括發自內心的感謝以及由此延伸出的超值服務。去海底撈，門口有專人「引客」，候位提供「免費」茶水、美甲、擦鞋服務，入座後送上「綁頭用的像皮筋、圍裙、手機套、熱毛巾」……讓人「充分體會到上帝的感覺」。

在海底撈還有很多這樣的例子：

顧客小張說：「前陣子和朋友去吃飯，朋友老公說：『祝老馬一路順風，路途愉快。』過了一會，服務生端了個水果盤上來說：『姐，聽說您要出遠門，這是我們店送您的水果盤，祝您一路順風。』……哎呀，雖然是一盤小小的果盤，但是讓我們心裡很舒服。」

11．送別客人，並表示出歡迎客人再次光顧

我們舉個大家經常見到的例子：

小李在某餐廳吃完晚餐，本來心滿意足，因為菜餚味道鮮美，服務生的微笑也很甜美，但是付過帳後走出餐廳，小李卻顯得有些沮喪，明明離開時帶位員還微笑著說「感謝您的光顧，歡迎再次光臨」，可是小李卻怎麼也提不起精神。到底怎麼回事？原來帶位員一邊說著感謝語，一邊卻連小李看也不看，緊接著忙著招呼下一位客人，小李心想：要知道，肢體語言才是最真實的啊。

相比中國，日本的餐廳這方面就做得非常好。我發現日本的酒店餐廳不論大小，當客人離開時，都能深鞠躬送別客人離開，有次直到我上車很久，回頭仍能看到服務生在門外招手送別，心中的感動可想而知。

五
餐廳接待工作中額外需要關注的幾類顧客

餐廳接待遇到的顧客紛繁複雜，對於老人、兒童、殘疾顧客、左手用餐的顧客、生病的顧客，我們都需要傾注額外的心力。下面我給出接待這幾類顧客的程序與標準表，供大家參考借鑑。

為老年客人服務的程序與標準

程　序	標　準
領　位	1.當老年人來用餐時，服務員應主動上前來攙扶人並將客人安排在靠邊的位置，不要安排在過道位置，有拐杖的要放好，以免絆倒他人。
點　菜	2.要主動為客人介紹一些較嫩、有營養、不辛辣的食品供他們參考，並問清他們的口味。
餐中服務	3.為客人斟倒各種飲料時不要太滿，對他們的特殊要求和服務服務員應耐心幫助解決。 4.盡量避免從老人身邊上菜，上菜時說明此菜的營養價值和特點等。 5.注意提醒老人走路時防止地滑，上下樓梯不要踩空，以防摔倒。
餐　畢	6.用餐完畢時應主動拉椅並且扶客人上車。

為兒童服務的程序與標準

程　序	標　準
安排座椅	1.當客人帶兒童用餐時，服務員主動及時地為客人提供兒童用餐所必須的服務，減少客人麻煩。 2.當客人帶小孩出現時，領位員主動詢問客人是否需要兒童椅，得到認可後，及時通知服務員立即準備。 3.服務員備好兒童椅後，請客人將兒童抱到椅子上，並放好兒童椅上的擋板，注意盡量不要將兒童安排在過道的座位上。
擺放餐具	4.按兒童年齡大小擺放餐具，5歲以下兒童，只擺放一個餐盤、一個湯匙。
推薦適合兒童的食品和飲品	5.當客人點飲料時，主動向客人推薦適合兒童口味的軟性飲料，並為兒童準備吸管。 6.客人點菜時，主動向客人推薦一些適合兒童口味的菜餚或小點心。
為兒童提供特殊服務	7.為客人分湯時，為兒童準備一小碗湯，放在兒童母親右側。 8.如果兒童在過道上玩耍或者打鬧時，要向其父母建議讓他們坐在桌邊以免發生意外。 9.當兒童用餐完畢後，客人仍在談話而為照顧兒童時，可由一名女服務員徵得客人同意後，把兒童帶到安全區域，讓他看兒童圖書，以免影響客人談話。 10.餐廳經理可適當地為來用餐的兒童準備一些小點心、小禮品、紙和筆，在小孩玩耍影響客人用餐時，送給兒童，以穩定兒童情緒。 11.當客人準備離開餐廳時，服務員在徵得客人同意後，將兒童從兒童椅上抱下來交給兒童母親。

為殘疾客人服務的程序與標準

為殘疾客人服務的程序與標準

程　序	標　準
徵求意見	1.當殘疾客人用餐時，服務員應該主動徵求其他客人意見，得到同意後方可上前攙扶客人，並將客人安排在靠邊的餐位上。盡量不要安排在過道上，有拐杖的要放好，以免絆倒他人。

為生病的客人服務的程序與標準

程　序	標　準
瞭解情況	1.當客人來到餐廳後，告訴服務員，客人生病需要特殊食品時，服務員須禮貌地問客人哪裡不舒服，需要何種特殊服務，並盡量滿足客人的要求。 2.如客人表現出身體不適，而沒有告訴服務員時，服務員須主動詢問客人，以便幫助客人。
安排座位	3.領位員將生病的客人安排在餐廳門口的位置上，以便客人離開餐廳或去洗手間，但應該向客人說明。 4.如客人頭痛或心臟不好，為客人安排相對安靜的座位。
為生病的客人服務	5.積極向客人推薦可口飯菜，同廚房配合，為客人提供稀飯、麵條一類的食品。 6.如客人需要就醫，向客人介紹附近就醫場所。 7.為客人提供白開水，以方便客人服藥。
為突發病客人服務	8.如遇突發病客人，服務員須保持冷靜，餐廳經理在有必要的情況下，立即通知總經理，同時照顧病人坐在沙發上休息，如客人已休克，則不允許輕易搬動客人。 9.協助其親屬送客人離開餐廳，去醫院就醫。

請您思考

1. 服務的前線和後線，都對應哪些模組？這些模組彼此之間是如何互相影響的？

2. 在用餐服務過程中，我們應該注意哪些關鍵點？在您的餐廳可以怎樣進行提升？

_____

_____

_____

_____

_____

_____

_____

_____

_____

_____

_____

_____

_____

_____

第四章 全方位地理解顧客滿意

顧客的成功就是我們的成功，我們應當竭盡全力確保顧客百分百滿意，幫助顧客取得成功。

——徐少春

「顧客滿意」一直是餐飲服務行業的追求，這個信念將永不會過時，並且要不斷更新理念，達到全方位的理解「顧客滿意」。

我們的總體原則是——持續的以顧客為關注焦點，基於事實進行決策。這就要求我們首先關注產品（菜餚、服務、特色、營銷等），同時不斷地向關注顧客進行轉變和提升。

一
菜 色 創 新

菜色創新是餐飲界恆久不變的主題。但是菜色創新快，顧客需求變化更快，逼得菜色開發進入了死巷子：一時間，皇室佳餚遍地開花，歷史名人也個個變成了烹飪大師，文化名著已經一本本的吃開去，菜餚也顧不得正宗與否，真可稱為「南菜北味大雜燴，調料多多一鍋端」。

菜色創新是要付出心智勞動的，試圖不花費時間、不經過努力、不反覆試製、不承擔風險的開發新菜，無異於天上掉餡餅般的臆想。作為經營體，餐廳新菜的開發要著重於將菜餚和顧客的需求結合起來，要出顧客需要的新菜，而不是割裂的看待菜餚，認為只要不斷出新菜就一定受顧客喜歡。所以，菜餚的創新完全可以說是一項系統工程，這個系統推進的一般進程是：瞭解顧客需求→提煉、昇華顧客需求的深層次精髓→創造更高需求→打破廚政人員思維定式→選擇相配合的食材→菜餚試製→菜餚試賣→改進、定型、推出。因此，瞭解顧客需求趨勢決定了菜色創新的主要方向。

根據近期國民經濟發展的水平，參照發達國家以往的食品演進過程，我認為菜色創新可以按照如下幾大方向進行：

1．開發便於演示操作的菜餚

菜餚的層次不僅僅體現在食材上，更重要的體現於「食禮」。什麼是禮？禮就是規格，食品上菜時的規格。

白天鵝賓館的烤乳豬為什麼讓顧客食指大動？食品原材料也不見得特別名貴，味道也不見得就是龍膽鳳炙般神妙，主要還是因為上烤乳豬前，先有一個服務生舉著木菜牌繞餐廳一週，這一排場就讓點烤乳豬的顧客深感榮耀，接著鳴鑼三聲，在餐車上烤好的乳豬緩緩地被服務生推到餐桌近前，兩個眼睛裡插著通著電的燈泡，穿著漿洗的潔白筆挺制服的大廚為尊貴的賓客俐落地切著豬肉，這豬肉還沒有吃到嘴裡，顧客就已經飄飄然了。所以，增加菜餚的現場演示有利於菜餚的層次提升和銷售。

喜來登長城飯店茶園很熱門，因為茶園應季推出了焰燒甜點，顧客在溫暖的茶園裡，望著窗外凜冽寒風中急匆匆行進的人群，品著香濃的咖啡，看著外籍經理優雅的用烈酒點燃別具風味的甜點，還有什麼比這更愜意的呢？於是很多顧客都放慢了生活的節奏，享受甜點在餐桌前為他點燃的歡樂！

2‧成系列的設計新菜色

這包括三層意思：一是菜餚被賦予更多的製作方法，二是進行具有同一功能的系列菜色的開發，三是開發同一類菜餚的不同具體分支風味。當然，總體上來說仍然是針對餐廳不同目標顧客市場的消費需求而進行。

山西太原市有家老字號就是太原麵食館，在太原餐飲競爭慘烈的市場環境中生存有道，就是「不怕千招狠，自有一招毒」，其實就是集中有限資源凸現自身優勢。山西是麵食的故鄉，太原麵食館就苦心鑽研做麵的方式，成功創造出了「麵宴」，顧客覺得新奇，點好了一看：菜餚是麵，主食是麵；炸的是麵，煮的是麵；甜的是麵，辣的是麵；搓的是麵，拉的是麵。一席麵宴，108道菜餚各個形狀不同，道道色味俱佳，直把顧客吃得以手捧腹卻又意猶未盡。

上海錦江集團是全國最大的酒店集團，旗下的新品牌「錦江之星」經濟型賓館短短兩年在大江南北就聲名顯赫，這其中，「錦江大廚」這個餐飲品牌對推動擴張功不可沒，錦江大廚的一個祕訣就是研究系列菜。他們研製的「營養罐」系列不斷出新：或者是霸王別姬，或者是山珍鮮菌；雖然是迷你型，但是造型、用料和味道絕不取巧。「營養罐」用的是仿哥窯冰裂紋青綠釉色瓷罐，以霸王別姬為例，選料為一整隻童子鱉，三塊草雞，再加上幾塊牛蒡、山藥，點綴幾顆紅色誘人的枸杞，真的是湯鮮味美，而且物美價廉。

喜來登長城飯店也是菜色創新的高手。長城飯店法餐廳推出了「環遊法國 60 天」的新菜促銷活動，不僅讓顧客聯想起朱爾·凡爾納《環遊地球 80 天》的精彩，還有法國巴黎的浪漫，這 60 天的時間由酒店大廚斯特凡為顧客帶來了法國各個省的經典美食，讓顧客享受到了純正而又風味各異的法式大餐。

3．地區美食的探索和開發

這裡所說的「地區」是指某一具體的市縣，而不是省或者國家。較大的地區概念容易引起顧客的懷疑而導致顧客對餐廳信任度降低。比如你說你的餐廳是做傣家菜的，那麼這個傣家是指的水傣、旱傣還是花腰傣？是思茅的傣族還是勐臘的傣族？要知道這些分支和地區不同的傣族，飲食習慣、特色菜餚是有差別的，如果顧客有豐富的旅行經歷，接觸的傣族不同，會對你的傣家菜產生不正宗的看法，雖然可能相對某一個傣家菜的分支來說你是正宗的。所以，開發新菜如果是開發的地區美食，這個地區應該細化，這也是容易出現獨特性從而引發顧客消費慾望的方法。

地區美食的發掘離不開對深層結構的精神文化的探求。俗話說得好：「一方水土養一方人。」一個地區的文化特點必然在該地區的飲食上留下深刻烙印，也必然會反映在該地區的文化上，當然可能透過文化的某個代表因素作為顯示形式，如一個文化名人，一個著名的手工藝品等等。發掘地方美食就是要始終以深層的精神文化為開發依據，來顯示菜餚的價值和魅力。享譽北京的眉州東坡餐廳做的是眉州菜，什麼是眉州菜？眉州菜和其他川菜

有什麼不同？顧客帶著這樣的疑問進入餐廳，結果被眉州菜的多種味型、造型美觀、香味撲鼻、盛器雅緻所吸引，而且還知道了眉州是大文豪蘇東坡的故鄉，蘇東坡的風骨、蘇東坡的才情、蘇東坡的養生之道在眉州東坡餐廳得到了很好的體現，這也成為眉州東坡餐廳迅速崛起的祕訣之一。

眉州東坡餐廳東坡脖子

而在清華大學西門的一條不為眾人所知的小巷子裡的一個小餐廳也同樣創造了奇蹟。這家餐廳是清華大學學生勤工儉學創辦的，只賣一個菜、一道主食，這個菜就是重慶烤全魚，這個飯就是蛋炒飯，結果現在供不應求，要去品嚐的顧客絡繹不絕還要提前電話預約才能滿足供應。這就從另外一個方面說明，地區美食開發到極致帶來的效應。

4．開發綠色新食材類菜餚

創建和諧社會倡導人與社會、人與自然的和諧發展，促發了綠色浪潮的興起。對於新菜開發來說，主要體現在綠色餐飲上。所謂綠色，不是專指綠色蔬菜，而是包括蔬菜或者禽肉動物，從生長、收穫或者宰殺、製作的全過程「綠色」，包括種植或者生長的土壤不能遭到汙染，生長過程中不使用化肥、農藥、飼料添加劑，蔬菜的收穫、禽肉類動物的宰殺和運輸過程受到嚴密的監

控，在餐廳製作時儘量減少營養成分的流失等，而且也不專指食品主料，調味品、油脂等等也在綠色食品的範疇之內。例如綠色生長經過排酸處理的豬肉，挪威深海的未經汙染的鮭魚，希臘天然壓榨的橄欖油，都可以成為餐廳開發新菜的最好材料。

黑龍江省佳木斯市的千里生態園生意興隆，許多顧客遠途驅車前往一品佳餚，因為千里生態園有很多顧客不僅沒見過而且沒聽說過的新奇蔬菜，例如美國速生、抱子甘藍、芽球菊苣、香爐瓜、球莖茴香等，既健康又美味。近兩年在氣候炎熱的深圳流行的吃羊肉的原因也在於此。以蒙興羔羊火鍋城為例，每天都要迎接成千賓客。該店的羊肉就是錫林郭勒大草原蒙興自家養殖基地生長的 6 個月內的羔羊，不含高脂肪，入口嫩滑，而且無膻味吃了不易上火。火鍋湯頭採用多種中草藥精心調配而成，具有味濃而不膩，久涮不淡，具藥效而無異味等特點，做到了一炮而紅。

總之，變化是菜色創新唯一不變的主題，但怎麼變得巧妙，怎麼變得事半功倍，還是要揣摩顧客心理，按照新、奇、特、系統開發的思想去把新菜的開發落到實處。

二
服 務 創 新

今天，優質服務的觀念已經深入人心。對於餐飲企業，服務就意味著利潤，顧客對於餐廳的需求已不再是果腹，餐廳也不再是單純的出售菜餚，而是考慮採取什麼方式和手段為顧客呈現餐廳的服務，從而為顧客創造獨特的消費體驗和感受，來擁有更加強大的市場地位。

美國《商業週刊》的主編說得好：「當前被人們忽略的最重要的基本管理原則就是要始終緊密聯繫顧客，滿足他們的需要，預見他們的要求。」顧客的需求被放在了前所未有的策略高度上。但同時我們還要認識到服務創新還有除顧客外的另一個重要的主體——服務員工，因此服務創新首要考慮的應是服務員工的需求。

餐飲行業是勞動密集型行業，工作時間長，勞動強度大，如何讓服務生每天下班後不是精疲力竭地逃離工作場所，視餐廳為監獄？我們追求的是服務生和顧客的雙贏。這種雙贏就是服務生熱愛自己的工作，而顧客喜歡他所提供的服務。服務工作應該體現一種積極的生活哲學，它應該讓生活更豐富，而不是讓生活和工作失去平衡。當今之中餐行業，必須更加關注如何善待員工，不僅僅是薪酬，還有安全保障和精神上的需求。餐飲行業的利潤不應該從節約人力成本上體現，保險、員工住宿狀況、員工受訓

特別提示

欲做百年基業，必須善待自己的員工。

和教育成長應該被真正的關注，餐飲業者要明白：你剋扣員工的，員工必然會從你的顧客身上求得某種補償，而因此傷害你的顧客的損失遠比你剋扣員工得到的更多。

當然我們也關注服務創新所面對的另一個主體——顧客。下面我結合餐飲業的一些成功實踐，闡述對客服務技能的具體創新。

首先，應該提倡的是「美食顧問」的設立，這和點菜師有本質的區別。點菜師是一種站在企業單方面的行為體現，希望透過點菜師而進行有效的推銷，從而給企業帶來更高的效益。但是，由此可能傷害我們的顧客。設立「美食顧問」是體現雙贏思想的一種事物，「美食顧問」首先是顧客的飲食顧問，他最重要的工作是讓我們的顧客用餐滿意並得到很好的照顧。他不僅負責根據顧客的意見或者對顧客需求的判斷迅速編制一份合理的菜單，而且透過飲食照顧到顧客的健康，並且以廣博的知識令顧客得到精神享受。這是變推銷為吸引銷售的一種良好形式，也即讓銷售由推動變為拉動。

其次，我們提倡功能性服務。功能性服務就是以滿足顧客的某項功能為主要內容的服務。也即服務形式不是單純的關注技能，技能只是服務的終端，是一種表現形式，我們必須回歸服務的本原，即滿足顧客的某種需求。我們以婚宴為例，不僅僅要追求婚宴的具體擺臺形式、婚宴的菜色組合，更重要的是如何為顧客分擔婚宴的忙亂和使婚宴更加上層次、組織更加縝密、禮節更加周到。

　　再次，我們提倡高成熟度的服務。大家知道，人的成熟度分為三個層次：依賴、獨立和互賴。服務行業的名言——顧客就是上帝，其實是低成熟度的表現。當我們的員工成長為專業的服務專家時，就完成了獨立階段的進步。而互賴的狀態是顧客成為服務生的特殊的工作夥伴，顧客在餐廳能夠真正享受到心靈的休憩，而不是依然帶著身份的假面。所以我們提倡給顧客以獨立的空間

　　最後，我們提倡全過程經歷的交互式服務。就是使你的服務更有針對性，把你的顧客從一個特定團體中區分出來，當然體現這種服務的可以是方式方法，也可以是設施設備。著名的靜雅餐廳，就充分體現了交互式服務的真諦。從保全到結帳離開均有很多閃光點：保全發現客人乘車到來，立即跑步上前迎接，拉車門動作專業、到位，笑容可掬，問候和表示歡迎得體、適度；迎賓員（著領班服）同時從大廳內快步走出迎接客人。如果保全員發現客人乘坐的是出租車，會在訂餐卡上寫明出租車牌號，提醒客人若落下了物品，可按號尋找（同時造成推銷餐廳作用）。進入餐廳之後，無論是保全員、迎賓員、清潔員還是服務生，都會主動幫助客人拿包，並主動表示送客人到包廂。點菜時，服務生總能給出合理的建議。當菜點到一定程度時，服務生一定會提醒客人「我們的菜點得差不多了，可以先這樣了。」如果是其他人發問，她馬上換成：「這位先生......」讓每個人均感到受到重視，而且所有的語言儘量使用第一人稱，拉近了與顧客的距離。在用餐過程中，

如果客人去洗手間，令人感動的是，客人洗完手後，清潔員能夠彬彬有禮地提供擦手紙並踩壓打開垃圾桶，之後準確地將客人引領至要去的包廂：「您的包廂在 229 號，請隨我來吧。」因為客人去洗手間時，迎賓員將客人的包廂房號告之了清潔員。清潔員制服乾淨、合體、熨燙筆挺，頭髮整齊地盤於腦後。在用餐過程中，除盯臺服務生外，至少有三名著領班服的員工進包廂關照客人，包括一名佩戴質檢員名牌的員工。他們（她們）共同的特點是：不是進來觀察觀察就走，而是自然融入服務程序，或換小毛巾，或換骨碟，或斟倒茶水等。使客人不僅感到極其有面子，而且還備感服務的周到性。當客人提出請服務生幫助清洗自帶水果時，服務也很周到，不僅清洗乾淨，而且裝盤美觀。當清洗過程中發現個別水果被擠壓變形時，立即詢問客人能否放棄。結帳時，為客人提供盛裝零錢和發票的特製信封，上面印著精美的餐廳標示。包廂服務生一路為客人送行，直到客人上車為止，同時送行的還有門廳服務生、保全員等。當客人向某位服務生問路時，服務生不知答案，但馬上跑步去問另一同事，接連問五名，直到找到答案為止。給人的感受是：只要客人問任何問題，都會儘量滿足客人的要求。

總之，服務創新的「新」就新在我們把目光從關注服務的最終表象轉移到關注服務整體上來，把關注服務提供的方式和規格轉移到為顧客的某種感受訂製服務上來，這樣才有利於提供具有東方特色的、細膩的情感化服務。

三
特 色 創 新

　　特色創新其實就是氛圍創新，包括了環境。在餐飲業競爭日益激烈的今天，怎樣才能使我們的餐廳在眾多的餐廳、餐廳裡脫穎而出，不被淹沒在「一好百同」的浪潮裡？最重要的就是營造餐廳的特色，可以說，餐廳的特色＝競爭力，沒有特色的餐廳終將因為離開顧客的視線而被淘汰或者一蹶不振。

　　說到特色，比較玄，不容易捕捉，我們不要侷限在裝修方面，而要利用綜合的裝飾，把文化氛圍、歷史背景、名人典故甚至老闆的作風都融為一體，這樣一來，一道特色菜、一本顧客留言簿、一盞羊皮燈、一套「雨過天青色」的餐具可能也會成為顧客津津樂道的特色。

　　從綜合的角度來說，塑造餐廳的特色可以從以下幾個方面著手：

1．平衡營造氛圍的理念和餐飲本身功能的比重

　　為什麼首先提到這一點？因為餐廳的最終目的很明確，是以向顧客提供菜餚這個核心產品為根本目的的，其他的諸如服務的功能、休閒的功能、文化的功能等等都可以看做是這一根本目的的延伸。所以，塑造特色是菜餚和其他形式並重的，正如我在第三章所講過的：如果僅是一味地追求歌舞伴宴、後現代裝修，可

是菜餚卻完全不符合顧客的需求，這種所謂的「創新」就是無源之水、無本之木。

　　這一點再引申一下，就是餐廳的主題功能要比較明確。首先要堅信的是，一個餐廳不可能接待所有層次的顧客，必定有它自己的目標顧客市場。餐廳的特色必須符合目標顧客市場的需求。例如著名的川菜餐廳俏江南，它的選址都是在高級辦公大樓，它的目標顧客就是辦公大樓的商務客人，所以它提倡「川菜精品化」，使鄉土氣息濃郁的川菜經過減量、美化造型、減少麻辣味型、使用綠色蔬菜等方式搖身一變成為可登大雅之堂的精品。其次，提煉一個突出的主題，全方位地加以營造。這一方面，很多外資餐廳都做得很好。星期五餐廳從進入中國開始，一直提倡的就是「美式休閒飲食生活」，所以它很注重從各個方面營造這一主題。它的菜餚介於美式速食和正餐之間，既有濃郁的美式風味又不繁雜，能夠讓顧客感受到其他的特色，而不會像法式大餐那樣僅僅繁雜的用餐禮儀就讓顧客自顧不暇。服務人員的服務方式正規而又不失靈活，既體現了正規餐廳的規範，又不像大酒店裡那麼束縛客人。更值得一提的是，星期五餐廳非常重視「萬聖節」的活動，利用假面具、造型各異的南瓜燈等等充分體現西方文化中這個重大節日，給顧客留下了驚喜。最後，這一主題要切合餐廳的既往理念還要有所進步。這一點上，飲食大鱷麥當勞的教訓值得我們深思。眾所周知，麥當勞以麥當勞叔叔的形象在兒童的心目中占有很重的份量，麥當勞是依靠千千萬萬的家庭用餐起家的。在中國，由於各種同類餐廳的迅速崛起和居民消費的提升，麥當勞的黃金時期進入尾聲。看到青年階層（20歲～35歲）的巨大消費

能量，麥當勞推出了「我就喜歡」的理念，希望借此脫胎換骨。但是事實是，顧客沒有看到新的成系列產品的出現，只是理念的巨大變化，反而讓新老顧客都無所適從：老顧客帶著孩子看著青春偶像王力宏又蹦又唱，是一頭霧水，新顧客充滿活力的走到前臺卻發現還是以前的幾款產品。也就是說，當麥當勞的「清潔、品質、服務、物有所值」的理念已經成為行業基礎的時候，它沒有提出更好的、能夠配合產品的同時也滿足目標顧客市場需求的主題，從而導致了巨大的隱患。

2．營造人性的需求

特色是建立在人性化的基礎上的。我們很多餐廳講究服務規格、講究菜餚層次、講究程序、講究排場，其實這些東西很多都不人性化。不要把顧客當成上帝，上帝是高高在上的不會犯錯誤的神，但是特色是彰顯人的個性，是在沙發上和朋友端著咖啡聊天的舒適感覺。特色應該更人性化、更周到。瑪吉阿米西藏風情餐吧是北京城裡很著名的餐廳，出版了一本《瑪吉阿米的留言簿》，這本書很暢銷，就是顧客在瑪吉阿米用餐時隨手在餐廳準備的留言簿上留下的東西，可能是一段話，可能是一首即興創作的小詩，也可能是隨手塗鴉的圖畫，但是總而言之的是顧客的心靈感悟和宣泄，「給心靈以休憩」也成為瑪吉阿米的突出特色。而另一家著名的阿凡提音樂餐廳，在席間「阿凡提民族樂隊」載歌載舞，氣氛濃烈，酒足飯飽的顧客還可以跳上桌子大過一把舞蹈癮，張揚自己的個性。

瑪吉阿米濃郁的西藏文化氛圍

3．塑造特色要有內涵和後續的技術手段

　　跟風最不可取，要做自己，以自己的個性體現餐廳的個性從而吸引喜歡這種個性的顧客。北京的餐飲業曾經有過明顯的潮流期，多少「毛家菜館」、「海鮮餐廳」如今蹤影難覓，大浪淘沙，只有珍珠才經得起打磨。北京騰格里塔拉劇院餐廳就融蒙古飲食文化和歌舞文化為一體，重點突出了成吉思汗功勛烤全羊的飲食文化和透過歌舞表現了鄂爾多斯婚禮這一民俗文化。烤全羊蒙語稱「昭木」，是元朝內廷大宴中的名菜。騰格里塔拉的功勛烤全羊選用內蒙古草原的肥嫩羯羊，用多種調料煨製，現宰現褪，經特製爐具烘烤四小時以上。敬獻烤全羊時由蒙古族司儀吟唱頌詞，敬獻哈達，場面十分熱烈。而大廳則透過金色草原、接親馬隊、

繡金面紗、盛宴酬賓四幕歌舞體現了蒙古族濃郁的民俗民風和盛大的婚禮慶典場面，將華麗的服飾、蒙古族獨特的禮儀文化和地域文化生動地展現給了顧客。正因如此，顧客並不覺得每位200多元的用餐標準很貴，反而有超值的感覺。

4．特色是民族情趣的表露

特色是中國飲食文化的特色，應該植根於東方的感覺。我強調的是感覺，而不是固化的元素，就像並不是說中國特色就是紅燈籠、京劇臉譜，日本特色就必須用櫻花一樣。但是日本的餐廳大多抓住了「和」民族「清、靜、和、寂」的民族文化精髓。從日本札幌、東京、箱根的很多餐廳的宣傳單上都能看得出來。這些宣傳單往往內容簡練，重點突出，圖片和文字搭配得錯落有致，封面上有大面積的留白，顏色素靜雅氣，很有韻味。

5．特色要利於保護和考慮獨占性

中國的飲食行業往往可以一道特色菜「隻菜遮天」，可是也就有很大的問題，就拿「紅燜羊肉」來說，只要一流行，滿大街都是紅燜羊肉的餐廳，惡性競爭的結果只能是兩敗俱傷。這點大董烤鴨店就做得很好。大董烤鴨店敏銳地抓住顧客要健康不喜歡肥膩的需求，變油嫩的北京填鴨為自己獨創的「酥不膩」烤鴨。烤好的鴨子表皮入口即化，但是絲毫沒有油膩的感覺。大董還推出了烤鴨的三種吃法：一為表皮蘸著白糖吃，吃鴨皮的酥香；二為鴨肉和蔥絲、黃瓜條蘸甜麵醬的傳統吃法，吃北京烤鴨的懷舊；

三為鴨肉和蒜泥配荷葉餅的吃法，吃蒜香和清爽。「酥不膩」烤鴨一炮而紅，而且技術獨到，也成為大董烤鴨店祕不外傳的招牌菜。更絕的是，大董堅持做最中國的味道、最時尚的表現，從而拓展了產品系列，成就了大

大董酥不膩烤鴨片

董精品創新菜——大多數是利用留白的意境來呈現如畫卷如詩詞般的美食藝術，把顧客帶入到了時尚雋雅、古典樸茂的氛圍中去。

6‧特色突出不要繁雜

特色不要太多，太多等於沒有特色，這也就是「過猶不及」的道理。特色要全方位營造，不是說有了歌舞就是特色。北京什剎海有一家餐廳，食客恍然間以為進入書館，再一細看，發現小小的綴滿玻璃酒杯的吧臺，這家餐廳就是嶽麓山屋。店名「嶽麓山屋」是嶽麓書院院長朱漢民先生的題字。而看著菜單，80多道菜大部分是我們在其他湘菜館中沒見過的，聽說是老闆走遍三湘淘來的。再環顧店內的環境，用玻璃牆和竹簾隔斷成包廂，既不憋悶，又符合整體的感覺。餐廳內燈光柔和，餐桌上還有一盞小燭燈，外面別出心裁的用玉竹紙做了一個半透明的燈罩，上面是近期的優惠活動。再看餐巾紙，是裝在一個像《論語》線裝書的小紙盒裡，牛皮紙的黃色帶有古老的文化氣息，上面還印著簡略的地圖。店內滿佈著玻璃書櫃，裡面裝的書種類繁多。嶽麓山屋

就是這樣透過環境、一紙一燈、一粥一菜全方位地體現了自己的特色，讓每個人都記住了這裡的雅屋、雅食、雅客。

總之，營造特色是餐廳未來經營的必然之路，特色需要全面策劃，需要不斷地豐富內涵，也需要不斷地改進表現形式，更重要的是堅持自己的風格，才會擁有屬於自己的一片天空。

四
營 銷 創 新

隨著民眾生活水平的提升和工作節奏的加快，外出用餐的幾率成倍的增加，但餐廳餐飲業的競爭也亦發激烈。為了搞好銷售，各個餐廳真的是「八仙過海，各顯其能」，促銷手段令人眼花繚亂，雖然「亂花漸欲迷人眼」，可是基本上不能跳出圍繞「價廉物美」這箇中心做文章的怪圈，就像姑娘只有一個，只是不停的變換髮型。其結果就是帶來顧客的「促銷疲勞」，對再大的噱頭也無動於衷，而且也提前導致了餐廳行業利潤的下滑。

營銷是個大的概念，營銷手段絕不僅僅是單一的價格槓桿，有的餐廳做活動換著方式去打折，折掉了餐廳的純利潤；有的活動卻能促進餐廳獲得長久的利潤回報。我們需要思考的是，難道顧客真的因為「打折」才光顧你這個餐廳嗎？或者換言之難道你這個餐廳吸引顧客的核心手段就是「打折」嗎？在顧客需求層次提升的今天，文化，只有文化才是營銷的核心，才會成為促進顧客消費的高超手段。

1．文化營銷的內涵

文化營銷是指充分運用文化力量實現企業策略目標的市場營銷活動，即在餐廳的營銷活動全流程中體現一種文化理念，以文化作媒介與顧客及社會公眾構建全新的利益共同體或者是共同關注點。

2．文化營銷的特徵

「共享」、「價值觀」和「行為方式」三個方面共同構成了文化的主題，文化營銷的分析也是建立在這三個基本特性之上。文化營銷與傳統的市場營銷有著很大的不同，概括地說，文化營銷有以下三個方面的基本特徵：

（1）以彰顯特色為基礎。在現代社會，顧客對於個性的展現表現出了前所未有的關注，他們賦予餐飲消費一種情結。如果一個餐廳能夠提供感覺新穎獨特的產品或營造讓人流連忘返的環境氛圍，那麼這個餐廳就擁有了區別於其他餐廳的差異性。這種差異性越是與文化相融合就越顯示其獨特創新性，就越容易給顧客留下深刻的印象，從而在市場競爭中擁有較強的競爭優勢。我們前面講到過的瑪吉阿米西藏風情餐吧、騰格里塔拉劇院餐廳、嶽麓山屋等就是以文化特色打造其獨特性的成功典範。我們再看麥當勞的例子。麥當勞推出的新理念「我就喜歡」，傳達一種青年人張揚、獨創、無所顧忌的叛逆性格，在澳大利亞此營銷策略取得成功，成為 16 歲 ~ 30 歲群體顧客光顧麥當勞這個傳統上被認

為是「兒童餐廳」的最好藉口，同時也成為麥當勞拓展顧客市場、從兒童顧客市場走向青年顧客市場的急先鋒，而在中國卻因為文化的融合性不夠並未受到顧客的青睞。

（2）以所弘揚的價值觀為核心。傳統的營銷方式基本上是以有形產品為中心的，即便是運用了文化要素，慣用的做法僅是從歷史書中摘抄一段菜餚的淵源，表明這種菜餚身家顯赫，或者宣揚某位歷史名人對這個菜餚的喜愛甚至是這道菜餚的創造者，恨不得盼著消費者連這個歷史名人也吃下去。這種運作方式只是給產品綁上了「文化」，這是比較膚淺的，因為至於菜餚中凝聚有多少文化因素以及這種因素和消費者的價值觀念有何聯繫等等都沒有予以考慮。而文化營銷則重點在於彌補這些不足，是有意識地透過發現、培養或營造某種核心價值觀念來達成餐廳目標的一種新型營銷方式。

臺中永豐棧麗致酒店天香樓餐廳推出西湖菜，就是以「為您一解吃的鄉愁」為主題的，在它的宣傳單中更進一步寫道：「俗諺云：『上有天堂，下有蘇杭』，杭州的秀麗山水、園林藝苑、名勝古蹟，多少風流韻事衍自其中，同時也是文人雅士彙集之處，然而『江南憶，最憶是杭州』，對我們這個講究美食的民族而言，泰半也是為了名聞遐邇的『西湖醋魚、東坡肉及龍井蝦仁』這些令人無法忘懷的杭州名菜吧！」這樣就把中國人骨子裡的一種民族情結、美食情結調動了起來，並且最終落實到天香樓的顧客群體身上，因為他們進一步表明：「永豐棧麗致酒店天香樓將正統杭州美食的原味，忠實呈現在您的面前，盼高品味的美食專家共鑒賞之。」

（3）以互動共鳴為根本。與其他營銷方法相比，文化營銷充分表達了餐廳的價值觀念取向，但不是單向的，而是爭取用較低的生產與營銷費用，為顧客提供更多的讓渡價值的產品和營造令顧客滿意的消費環境，特別注重追求顧客滿意度，能夠借助文化的親和力，在餐廳與消費者之間建立共同認知，其出發點與落腳點就是追求達到與消費者價值觀念的共鳴，形成彼此的良性互動。麥當勞的一系列活動都是貫穿了「做社區好公民」這一主題的，例如麥當勞進行的為社區幼兒園兒童教麥當勞叔叔舞蹈活動、為社區孤寡老人清潔衛生活動、為社區困難家庭兒童捐贈書包活動，都是讓顧客參與進來，或者共同簽名，或者一起做義工，或者捐助零錢，從而取得了長期的社會效益和經濟效益。

3. 飯店文化營銷方式

（1）產品文化營銷。餐廳的產品不僅僅是菜餚，也不僅僅是服務，將產品分割為菜餚、服務、環境等可以作為研究的手段，但是不能把產品當成為菜餚、服務、環境的單純相加，而是一定要有整體觀念，也就是說，在現實中，單獨說菜餚、服務還是環境都不能成為餐廳的產品。餐廳要獲得競爭優勢，應把文化內涵融於產品的設計、包裝、銷售、服務等各個環節之中，在菜餚文化的創新上要不拘一格，滿足人們對飲食文化求新獵奇的心理需求，突出餐廳產品知識化特點，充分體現其文化價值的作用。

臺東飯店日本餐廳舉行的「懷石料理美食饗宴」就充分體現了異域文化的全方位展現。在環境上，餐桌上的臺布、入口的布

景和舞臺的背景都變成了日本的風土裝飾，音樂也選擇了日本的傳統音樂；在菜餚上，邀請了日本主廚向顧客簡單介紹懷石菜式，並完全按照吸物（湯）、刺身、肉料理、煮物（菜卷）、燒物（燒魚）、食事（壽司）、點心的日式全套用餐規格來上，茶水也改為了櫻花茶；在服務上，完全採用專業的日式服務；在促銷品方面，贈送給客人日本的絹人等日本小飾品；在氛圍營造上，專門聘請了兩名專業的日本藝伎為顧客做現場的歌舞表演。就是透過這樣的全方位文化營銷，讓顧客身在臺灣，恍如從邁進餐廳的那一刻起已在遙遠的異國他鄉，充分享受了日本的情調。

（2）理念文化營銷。一流企業賣理念，二流企業賣產品。一個餐廳的理念能不能吸引顧客，成為顧客選擇餐廳的重要因素。越來越流行的俱樂部文化，就是因為顧客在那麼一個團體中找到了自己存在的價值和空間，成為一種人性的回歸。是不是每個餐廳都要採取俱樂部形式、常客計畫？那倒不一定，但是每個餐廳都應該有吸引自己顧客的理念，才是千真萬確的。

理念文化是營銷文化的基礎，強調在營銷中充分體現企業的文化理念。其核心就在於尋求為顧客所接受的價值信條作為立業之本，從而促進顧客對整個企業包括其產品的認同。

（3）休閒文化營銷。休閒文化營銷的含義不是說讓所有的餐廳都變成茶餐廳、演藝廳，就是休閒了，休閒的定義就是放鬆，當人們專注於某一興趣時就會產生放鬆的感覺。休閒化是個趨勢。我們的餐廳包括整個服務業，喜歡高規格、高標準，動不動就金

碧輝煌，動不動就鮮花簇擁，顧客來餐廳吃飯是放鬆的，不是來進行主管講話的，我們餐廳要做的就是如何讓顧客從平常的工作狀態裡回到一個他喜歡的生活狀態中來。這是休閒文化營銷的真諦，而不是單純的餐廳讓顧客唱唱歌、聽聽音樂

就是休閒了。外國人除了正規的工作場合都很隨便，總統參加宴會那是他的工作，他穿得很正式，如果總統自己在什麼地方用餐，他穿得就很隨便，如果我們的餐廳在門口舉著花環歡迎、把餐廳的其他顧客請走，變成為他的一場單獨招待，人家可能很反感，因為不自然，接觸不到當地的社會現實。

　　的什鑰餐廳瀰漫著的就是「家的感覺」。家的感覺來自於什鑰餐廳的私密性，餐廳裡非常安靜，每一個角度都有竹簾，在餐廳裡顧客可以進行商務會談，也可以享受私人空間，沒有顧客本人的允許不會有任何人來打擾你。這種文化的氛圍給了什鑰餐廳巨大的張力，讓來到餐廳的每一個顧客都暫時忘掉了生活的種種不快與煩惱，享受到了難得的寧靜與平和。同樣的，你為顧客考慮得越多，顧客回報你的就越多，什鑰餐廳也成為著名餐廳。

　　總之，文化營銷不是叫賣文化，不是附會歷史，不是和名人拉關係，是營造文化；文化不僅顯現在產品上，還體現於理念中，更重要的是你始終明了休閒化是服務發展的主題，你就明白了文化營銷的真諦。

五
全面理解顧客滿意

滿意必須以顧客市場為前提和衡量標準，這個轉變並不輕鬆，需要隨時修正。例如有的酒店生意不好，就想方設法進行改造，寄希望於透過提升硬體層次來改變目標顧客市場；有的酒店精雕細刻原有菜餚、不斷推陳出新，但是卻不能夠回答這樣的基礎問題——即這些菜餚真的是目標顧客所需要的嗎？有的酒店服務流程讓人眼花繚亂，繁雜得無以復加，但是這些服務確有必要嗎？很多酒店在實際的操作過程中容易走偏，又變成了因為想要改進而進行改進，但是改進是為了什麼並不明晰。

我想理解「顧客滿意」應該分成兩個層次，這樣才不會理解混亂，也便於尋找理論和實踐的結合點。「顧客滿意」的短期觀念是：顧客滿意是顧客消費總體感覺正向評價超過反向評價的結果，是下一次再次消費的基礎。「顧客滿意」的長期觀念是：顧客滿意是酒店和顧客得以維繫的良好而持久的關係。有了短期觀念，我們會加強流程的改進、團隊的配合、訊息的溝通等；有了長期觀念，我們才能著眼於營造顧客無壓力消費的空間、試圖找出並細分顧客市場、弄清營銷策略的方向等。

正是基於上述的理解，我們才能廓清一個失誤——滿意的顧客並不等於忠誠的顧客。也就是說滿意的顧客符合「顧客滿意」的短期觀念，而並未成為「顧客滿意」長期觀念的對象所指。即當顧客成長時，我們是否能夠及時地有所察覺和預計？我們是否

完成了新產品的開發以使其達到或超過顧客的新要求？我們是否利用了我們的客史檔案，提醒顧客我們很樂意承擔他的五週年結婚紀念宴請，而不僅僅是使客史檔案變成一個擺設？我們是否在進行客戶拜訪時不是誇誇其談我們的產品如何優秀，而是認真傾聽顧客他需要的是什麼，我們又能夠為他解決什麼？

這些所有的疑問我們可以透過「顧客滿意」的人本觀念而加以進一步的理解和改良。我想任何一家酒店的「顧客滿意」均需透過如右的循環而傳導達成。

也就是說有了滿意的員工才有滿意的顧客，由此帶來的自然而然的結果是生意提升。所以，我們工作的目的不是賺錢，而是照顧好我們的員工和顧客，由此帶來的結果是利潤的獲得。

那麼怎麼去照顧好我們的員工呢？很多酒店說的是「以人為本」。這個「人」的面可就廣了，不客氣地說，如果一個酒店不加以區分地追求員工滿意最大化，這個酒店的最終結局一定是破產。所以同樣的是「以人為本」，我們應該給它一個限定，即這個「人」是指信奉酒店的核心價值觀的員工，對他們的培養將直接影響到「顧客滿意」的最終實現。

有好的員工才會有被關愛的顧客，我們首先想到的應該是我們能夠為顧客做些什麼，而不是透過我們做什麼工作使我們能夠從顧客那裡得到些什麼。這個世界上的事情往往就是這樣，即你越想得到的你就越得不到，只有真正為顧客著想的才能真正從顧客那裡受益。所以，我們追求的「顧客滿意」不是酒店主管對流程的滿意，而是顧客的需求得以適當而迅速的解決。

　　顧客目標市場的選擇同樣直接影響「顧客滿意」。一個酒店不可能做到在使團體客人滿意的同時又使政府客人和商務客人滿意，因為彼此的需求不同，彼此就對滿意的感受和成本的理解有很大不同。基於事實的決策要求我們儘量透過數據化的訊息來完成酒店經營策略制訂和選擇。所以我們對於生意的關注必須具有方向性，一個酒店試圖既做中低級市場，又在高級市場占有一席之地，是費力不討好的。

　　總之，「顧客滿意」是「關係第一」準則的體現，也是一個循環支持系統，由滿意的員工、被照顧得很好的顧客、方向性明確而獲利的生意這三個因素循環往復的推動和實現，任何簡單的針對某一環節的改變，不能得到最終「顧客滿意」的結果。

　　請您思考

1．請談談您對「功能性服務」的理解。
2．「顧客滿意」有什麼深層次的要求？

第五章 顧客期望管理

滿意 = 期望 - 結果

　　　　　　　　——美國營銷學會手冊對「顧客滿意」的定義

瞭解清楚顧客的期望，是我們做好服務、提升質量的根本所在。當然，這個顧客是我們的目標顧客。

一

市場細分與設定期望

這裡所闡述的市場細分概念，更強調不同的子市場顧客，其期望各不相同。

管理者要學會根據不同的子市場，帶領業務骨幹設定期望。而這個過程實際上就是實施期望管理的過程。何為期望管理？就是指經營者為顧客提供達到、甚而超過其原本期望的服務與產品。

怎樣實施期望管理？通常我們遵循如下的步驟：（1）帶領業務骨幹，細分市場，並設定期望。需要提示的是：設定的結果可能不夠精確，或者並不十分重要，但設定的過程價值巨大。（2）根據可確定性期望設定，進行新產品與服務設計。（3）應用中驗證，並完成修改與確定。（4）形成制度，嚴令執行。

那麼，顧客的期望來源於什麼因素？是否應該去控制呢？

二
顧客期望的來源

1·顧客的個人需要

它可以是自身已經覺察到的，也可能是在外部因素如市場溝通、有形證據、產品價格和口碑宣傳等因素的刺激下而激發出來的。顧客的個人需要越強烈，對服務質量的期望值越高。如果顧客有一定的關於服務提供的個人理念，那麼他對服務企業的理想的服務期望將會提高。例如，一位從事過餐飲工作的顧客，比其他顧客更難容忍飯菜的小毛病和服務無禮。

2·企業的承諾和外在表象

企業透過廣告、宣傳、人員推銷等市場溝通方式向顧客公開提出的承諾，直接影響顧客期望的形成。例如，經常有餐廳在廣告中宣稱：「平民的價格、皇帝的享受」，但是恰恰這些餐廳沒有紅起來，反而「門庭冷落車馬稀」。那是因為顧客的期望已經被企業提升到皇帝般的享受要求，而在不違反經濟規律的現實條件下，企業很難用較低的價格長期提供較高價值的服務，反而會給顧客造成更大的心理落差，成為企業服務質量下降的隱患。

而外在表象也是顧客期望來源因素之一。比如，顧客看到一家氣派的、金碧輝煌的餐廳產生的期望和看到街邊大排檔產生的期望是明顯不一樣的。酒店門前的豪華轎車、服務人員標準化的服務禮儀、潔白的桌布、酒店內豪華的裝修都使顧客對該酒店的

服務形成較高的期望；而路邊攤的簡樸、油汙的桌面、隨手可扔的垃圾都使顧客形成了較低的期望。

3．顧客過去的經驗、經歷

不同經歷的顧客有不同的期望。比如一個高級白領以前經常光顧高級餐廳，假設現在在一家比較普通的餐廳用餐，他就會從以前的經歷來看這個餐廳，覺得條件差、服務落後。假如是一個普通消費者，以前是經常在家吃飯的，很少有消費經歷，一旦到一家中級餐廳用餐，他會覺得這家餐廳條件很好。顧客的期望隨其經驗豐富程度的變化而變化，經驗越豐富的顧客越抱有更高的期望。

4．口碑傳播

比如朋友向你推薦某餐廳某某名菜，朋友的推薦形成了你對那家餐廳的期望。

5．顧客對替代品的知覺程度

替代品意味著顧客在市場上有更多的選擇機會。以前餐廳少、價格貴、服務差，但是顧客可以忍受，沒有在服務質量方面有過多的指摘，但是現在餐廳遍布大街小巷，顧客的服務期望就會提高。如果顧客知覺到有更多的服務替代品可供他們選擇，他們的容忍閾限比沒有知覺到服務替代品的存在時要小。

三
顧客期望管理的真實含義

我們在這個命題下最重要的是解決「期望是誰的期望」的問題。面對西式速食在中國的經營業績下滑，肯德基和麥當勞採取了兩種不同的策略。

肯德基抓住了這次市場機會，不僅扭轉了營業額下滑的被動局面，而且終於在華超過了麥當勞的市場份額。相比麥當勞自以為是的改進自身的服務系統、推出「我就喜歡」的替代理念，肯德基認真分析了顧客期望的變化。顧客對西式速食的期望伴隨著顧客對外界的認知面增加，西式速食在代表美國文化方面的力量越來越弱，人們把關注焦點越來越放在了食品本身。那麼速食食品的健康問題就成為顧客的首要考慮因素。肯德基下大力氣調整了自己的產品結構，增加了蔬菜類的沙拉、中式的寒稻香蘑飯、老北京雞肉卷、嫩牛五方等，從口味、食材選擇上都向傳統中餐學習，而且透過減少油炸方式等降低了食品的熱量，甚至肯德基旗下還專門建立了一個品牌「東方既白」，售賣油條、包子等等中餐食品，這些都有效地改變了人們心目中肯德基油炸食品是垃圾食品的形象。就是因為肯德基的調整是符合顧客期望的，因而確立了肯德基一舉超過麥當勞成為中國速食行業老大的龍頭地位。

也許以上的案例還不夠直觀，倒是一個小故事會給我們在期望管理方面很深刻的啟示：

一個公主十分喜歡月亮，她日思夜想，想要讓這個月亮日夜陪伴在她的身邊。但是每到白天來臨，月亮就會毫不留戀的消失，因此，小公主生病了，並且日益嚴重。她嬌憨地告訴疼她的國王，如果她能擁有月亮，病就會好。

　　愛女心切，國王立刻召集天下聰明智士，要他們想辦法拿到月亮，但無論是總理大臣、宮廷魔法師，還是宮廷數學家，沒有一個人能夠完成任務。縱然他們每個人在過去都完成過許多極富挑戰的任務，但要拿月亮，誰都沒有辦法。而且，他們分別對拿月亮的困難有不同的說辭：總理大臣說它遠在三萬五千里之外，比公主的房間還大，而且是由熔化的銅組成的；魔法師說它有十五萬里遠，用綠奶酪做的，而且大小整整是皇宮的兩倍；數學家說月亮遠在三十萬里之外，又圓又平，像個錢幣，有半個王國大，還被黏在天上，不可能有人能夠把它拿下來。國王面對這些「不可能」，又煩又氣，只好叫宮廷小丑給他彈琴解悶。

　　小丑問明了一切後，得出了一個結論：如果這些有學問的人說得都對，那麼月亮的大小一定和每個人想的一樣大、一樣遠。所以，當務之急是弄清楚小公主心目中的月亮有多大、有多遠。

　　國王一聽，茅塞頓開，吩咐小丑解決這個難題。

　　小丑立即到公主的房裡探望她，並順口問公主，月亮有多大？

「大概比我拇指的指甲小一點吧！」公主說，因為她只要把拇指的指甲對著月亮就可以把它遮住了。

那麼有多遠呢？

「不會比窗外的那棵大樹高！」公主之所以這麼認為，因為有時候它會卡在樹梢間。

用什麼做的呢？

「當然是金子！」公主斬釘截鐵地回答。

比拇指指甲還要小、比樹還要矮，用金子做的月亮當然容易拿啦！小丑立時找金匠打了一個小月亮、穿上金鏈子，給公主當項鏈，公主高興極了，沒幾天病就好了。

但是國王仍舊很擔心。到了晚上，真月亮還是會掛在天上，如果公主看到了，謊言不就被揭穿了嗎？

於是，他又召集了那班「聰明人」，向他們徵詢解決問題的方法，怎樣才能不讓公主看見真正的月亮呢？有人說讓公主戴上墨鏡，有人說把皇宮的花園用黑絨布罩起來，有人說天黑之後就不住地放煙火，以遮蔽月亮的光華......當然，沒一個主意可行。

怎麼辦？心急的國王深恐小公主一看見真月亮就會再次生病，但又想不出解決方法，只好再次找來小丑為他彈琴。

　　小丑知道了那些聰明大臣的想法後，告訴國王，那些人無所不知，如果他們不知道怎樣把月亮藏起，就表示月亮一定藏不住。這種說辭，只能讓國王更沮喪。眼看著月亮已經升起來了，他看著就快照進公主房間的月亮，大叫：「誰能解釋，為什麼月亮可以同時出現在空中，又戴在公主的脖子上？這個難題誰能解？」

　　小丑靈機一動，他提醒國王，在大家都想不到如何拿到月亮的方法時，是誰解決了這個難題呢？是小公主本人，她比誰都聰明。現在，又有難題出現了，不問她，還問誰？

　　於是，在國王來不及阻止的瞬間，他就趕到了公主的房間，向公主提出了這個問題。沒想到公主聽了哈哈大笑，說他笨，因為這個問題太簡單了，就像她的牙齒掉了會長出新牙，花園的花被剪下來仍會再開一樣，月亮當然也會再長出來啦！

　　哈！困擾了所有聰明人的問題，原來對小公主來說根本不是問題呀。

　　如果我們明白顧客其實也像我們故事中的小公主一樣，我們就應該明白我們真正應該瞭解的是顧客心中真實的期望和想法。

四
管理顧客期望

1．合理細分並「定義你的顧客」

不同細分市場的顧客對產品或服務的期望不盡相同。因此，企業對顧客要區別對待，不要把太多的精力及人力投入到一些對自己根本沒有利潤的顧客身上。強調顧客對企業貢獻的「帕雷托」原理曾指出：企業的 80% 利潤來自 20% 的顧客。因此，企業要想有效地瞭解和管理顧客的期望，就必須首先「定義你的顧客」，使顧客期望管理更具針對性。

我想說的是，這本書是對服務質量的探討，但是我們的基礎是承認企業的營利性。如果企業喪失了對利潤的追求，不稱之為企業，也沒有辦法可持續地提供良好的服務質量。因此我們需要避免對一些「虛假顧客」的要求的快速反應。

一家高級餐廳有一天來了一位帶小孩的顧客，她提出了餐廳應該為兒童準備兒童餐具等要求。如果按照服務的思維來說，餐廳是應該盡快購置並提供兒童餐具的。可是如果真的這樣做了，結果是什麼呢？這家餐廳的用餐兒童會越來越多，因為他們提供兒童餐具。而這些兒童勢必會影響其他顧客，可是這家餐廳的定位畢竟不是兒童餐廳，所以可以說這樣的一件看似從服務出發的改進恰恰干擾了服務質量。

2．要利用各種渠道瞭解目標顧客的合理期望

企業要利用各種渠道儘量瞭解顧客的合理期望，並迅速給以滿足。這其中，顧客滿意度調查是很重要的一種手段。

通常餐廳的顧客滿意度調查都是採取填寫分析「顧客意見卡」的形式進行的。這種方法在有的企業實施很有效果，而在有的企業則成了一種擺設、一種雞肋式的做法。如何讓顧客滿意度調查更有效？我們結合「顧客意見卡」來進行講解。

首先是「顧客意見卡」的內容設計。顧客反饋是對管理層至關重要的訊息。尤其對於服務機構和內部服務部門，利用「顧客意見卡」收集顧客反饋是非常低廉的市場調研手段。借此我們必須找出如下訊息：

1. 誰是你的顧客；
2. 他們何時會成為你的顧客；
3. 為什麼是他而不是別的人會成為你的顧客；
4. 你的顧客需要什麼；
5. 你的顧客有何感受；
6. 怎樣才能留住顧客；
7. 怎樣才能贏得對顧客的競爭優勢。

你不用隨時地回答所有問題，但應經常逐個思考一下。

我們根據上面的原則，可以看一個意見卡的樣式：

樣式一：

顧客意見卡

我們非常感謝您能提供寶貴的意見建議，以作為我們改進的依據。

■ 品質

　　您認為菜色味道符合您的期望嗎?　　　　☺　　☺　　☹

　　您認為菜色的份量合適嗎?　　　　　　　☺　　☺　　☹

　　您認為菜色讓您很好選擇嗎?　　　　　　☺　　☺　　☹

　　您對菜色的建議：

　　_____

■ 服務

　　您對我們服務的速度滿意嗎?　　　　　　☺　　☺　　☹

　　您認為我們的服務親切且個性化嗎?　　　☺　　☺　　☹

　　我們是否能夠即時滿足您的要求?　　　　☺　　☺　　☹

　　您在本餐廳是否得到友善的招呼?　　　　☺　　☺　　☹

　　您對服務的建議：

　　_____

■ 清潔

　　您是否滿意我們員工的儀容儀表?　　　　☺　　☺　　☹

　　您為洗手間乾淨嗎?　　　　　　　　　　☺　　☺　　☹

　　您認為我們的桌面、地面清潔嗎?　　　　☺　　☺　　☹

　　餐廳的花木是否一塵不染?　　　　　　　☺　　☺　　☹

　　您對清潔的建議：_____

■ 滿意與否

　　您願意再次光顧嗎?　　　　　　　　　　☺　　☺　　☹

　　您對本次消費經驗是否滿意?　　　　　　☺　　☺　　☹

　　其他建議事項：_____

■ 煩請您留下個人資料：姓名、聯絡電話、年齡、用餐時間、地址。

■ 謝謝您的合作！

樣式二：

■ 您是怎麼知道我們的?

_____

■ 您最喜歡我們的是什麼?

_____

■ 您希望我們在菜單中加什麼菜?

_____

■ 您有何建議或想法:

_____

請您填寫

姓名:　　　　　電話:　　　　　地址:

填寫完整的意見卡，您將有機會參與每周一次的抽獎。謝謝您的合作!

　　其次，我們要特別注意提問的方法。舉例來說，如果我們問顧客「您覺得我們的服務如何」和「我們的服務讓您是否滿意」，其實意思是一樣的，但是結果可能會大大不同。為什麼呢?第一個問題，顧客感覺是評價餐廳的服務，和顧客沒有關係，那麼往往顧客會給餐廳一個相對低的評價;而第二個問題，顧客感覺是問他自己的感受，為了表現大度，往往會給餐廳一個相對高的評價。

　　所以，為了得到更真實的顧客訊息，我們需要規範我們提問題的方法。

再次，要注意顧客調查的時機和方法。我們一般主張在顧客買單等候找零時進行，這個時候顧客既完成了用餐，而又有空閒時間，是很適合進行滿意度調查的。一般應該是餐廳的主管以上級的人員親自前往，跟顧客解釋清楚：「您好，張先生，我是餐廳的主管，受總經理的委託，特意向您諮詢一下我們的服務質量狀況。請您填寫一份「顧客意見卡」，僅需要您 2 分鐘的時間。」作為顧客，看到是餐廳的管理人員，一般都願意填寫並且較為認真。當收到顧客填寫好的意見卡後，應該快速瀏覽，對問題原因不明確的加以詢問，並再次真誠地感謝顧客的幫助。同時應該承諾，我們將認真分析後提供有關改進訊息。

3．設定顧客期望

如果企業提供的產品或服務的價值距離顧客的期望太遠，那麼就沒有成交的可能。企業把顧客的期望值明確一下，告訴他哪些可以滿足，哪些不可以滿足，目的是能與顧客達成協議。

（1）正確處理不合理的顧客期望

界定期望值是否合理，應該以行業標準來確定。如果整個行業都沒有滿足顧客某種需求的先例，那顧客的這個期望值是不合理的。比如說餐廳對自帶酒水加收的開瓶費。顧客利用了餐廳的環境、氛圍、服務和部分菜餚，但是卻能夠堂而皇之地不付全部的費用，這是明顯地違反了市場經濟原則的，這樣一來，是不是

顧客去酒吧也可以自帶酒水呢？所以，對不合理的期望我們不能表現出不耐煩的神態，但是我們必須堅定的遵守企業的底線。

（2）適當降低顧客期望值

降低顧客過高的預期，將顧客期望控制在一個相對較低的水平，企業餘地就會大一些，可以更容易地使顧客的感知達到或超過他的期望。降低顧客期望值可以從影響顧客期望的可控制因素著手，適當降低承諾和外部表象的水平。

（3）提供訊息與選擇

當不能滿足顧客提出的期望時，企業應給顧客提供另外的訊息與選擇方案。

李先生去泰國出差，飛機上提供了精美的航餐。李先生突然想起今天是農曆十五，他是吃素食的。這可怎麼辦呢？當他把這點告訴空姐之後，空姐也遲疑了一下。要知道，飛機上是不能夠做任何食物的，既不安全，也沒有設備。但是很快空姐就推著餐車過來了，上面是飛機上所有品種的蔬菜，還有鹽包和鹹菜，在徵求了李先生的意見後，空姐利索的拌起了蔬菜沙拉。李先生嘗了嘗，味道還不錯呢，在這個日子吃了一頓高空素食。

（4）對顧客的期望進行有效的排序

顧客對一次服務會有不同的期望值，這些期望值都是他想得到的，但是其中一定會存在一些矛盾的地方。期望值會因人而異，對同樣的服務可能每個人的期望值都會不同，並非每一種服務對每個人都有價值。比如顧客前來餐廳洽談婚宴，期望值是：1. 價格可以承受；2. 場地足夠寬敞、氣派；3. 菜餚味道被大眾認可；4. 能夠滿足客人提出的額外要求；5. 服務不混亂，有過類似的接待經驗。那麼究竟哪個更重要呢？一個好的管理人員或者業務人員會在洽談的時候敏銳地發現客人眾多期望中何重何輕。服務人員應幫助顧客分析究竟哪一個期望值對顧客來說最重要，提供能滿足顧客最重要的期望的方案或強調你能滿足的東西對顧客而言是非常重要的。

總之，企業首先要告訴顧客，什麼是他可以得到的，什麼是他不可以得到的，去設定顧客的期望值。當你要明確地拒絕顧客時，你要對顧客的期望值表示認可，然後告訴顧客你不能答應他的理由，你還應該儘可能提供另外的解決方案。如果另外的方案仍然不被接受，就要強調你能滿足的東西對顧客而言是非常重要的。無論什麼時候，服務人員要讓顧客感受到，你一直想幫助他，你也認同他的想法的合理性。

> **特別提示**
>
> 1. 設定顧客的期望。
> 2. 拒絕顧客時，不僅告知理由，還要提出代替性解決方案。
> 3. 顧客不接受代替方案，告知你所提供的對顧客很重要。
> 4. 始終讓顧客意識到你一直努力為他服務，而你也認同顧客需求中的合理性。

4・創造能夠兌現的顧客期望

企業的承諾給顧客的期望過低，難以吸引足夠的購買者。企業的承諾給顧客的期望過高，不僅企業的壓力過大，而且顧客往往也難以滿意。企業必須在這兩者之間尋求一個平衡點，既吸引顧客又讓他們滿意。一方面，可以透過營銷溝通提升或創造顧客的期望，使他們產生購買慾望；另一方面，企業一定要保證能夠兌現自己的承諾。既不誇海口也不要隱藏有關訊息。正如 ISO 認證所說的那樣：寫你所做的，做你所說的。許多企業錯誤地將顧客的期望值創造得過高。而事實上他們能提供的只不過是中等水平的產品或服務。不能兌現的承諾也許能招來顧客，但是絕不會有回頭客，「虛假承諾」是一種自掘墳墓的行為。

> **特別提示**
>
> 　　寫你所做的，做你所說的。

5・努力超越顧客期望

企業僅僅滿足顧客期望是不夠的，必須超越顧客期望才能保留顧客。只有做到「承諾好的，提供更好的」，才能使顧客欣喜、興奮、驚喜。

做差異化的服務，才有辦法讓顧客感動，被你感動了的顧客是你最有價值的顧客，他會一輩子跟著你走，並且瘋狂地為你轉介紹。

從以下六個方面餐廳可以做到差異化服務：

（1）人人需要被關注

關注要表現在各方面，除了態度之外，更重要的是能夠及時地發現顧客的需求。

某晚，餐廳包廂內一席普通的家宴正在進行，在祥和的用餐氣氛中，服務生小李看到老先生不停地用小勺翻攪著碗中的稀飯，對著雞鴨魚肉直搖頭。這是怎麼回事呢？是我們飯菜做得不合口味？不對呀，其他人不正吃得津津有味嗎？小李靈機一動，到後廚為老先生端上了一碟小菜──醬菜絲。當小李將醬菜絲端上桌後，老先生眼前一亮，對著小李不停地稱讚：「小姑娘，你可真細心，我的肝臟不太好，吃不了大魚大肉，正需要點清口的小菜呢，你就拿過來了，真是不簡單。」老先生的老伴連忙說：「這裡的服務跟其他地方就是不一樣，我們沒說的小姑娘們都能想到、做到，以後有時間我們要經常到這裡來。」

（2）不一樣的讚美

人是社會人，需要被尊重和認可，因此，人們希望得到讚美。讚美分為直接讚美和間接讚美兩大類，在服務過程中我們儘量使用間接讚美。為了避免不必要的麻煩，就算是使用直接讚美，我們通常要選擇一個具體物象來讚美，而不是針對顧客本人。比如我們可以說：「先生您的領帶真漂亮」，而儘量避免說：「先生，

您今天看起來真精神。」否則的話，有的客人就會想：難道我以前很不精神嗎？

總之，讚美是人們的一種心理需要，是對他人敬重的一種表現。恰當的讚美別人，會給人以舒適感，有助於提升顧客對我們服務的良好印象，同時也會改善我們與顧客的人際關係。

（3）讓顧客的價值得到充分的肯定

顧客價值是服務的基本出發點，也是服務的最後結果。因此服務是一種顧客價值體現的過程，同時顧客價值也體現在服務結果上。如果用一句話來描述，服務就是顧客價值的實現。顧客價值用另一種方式表達就是「以顧客為中心」。

（4）鼓勵顧客的方式要不一樣

鼓勵顧客是為了強化某一個消費體驗。當顧客生日時免費奉送的生日壽麵是一種顧客鼓勵嗎？剛開始的時候是，而現在它已經成為餐廳的常規服務項目，這個時候它已經喪失了鼓勵的作用。因此，我們要不斷創造新的方式來鼓勵顧客。

通常的方式包括：物質激勵、文化激勵、服務激勵、形象激勵和精神激勵。物質激勵即實在的經濟實惠，餐廳在為顧客提供保質保量的服務前提下，給予顧客一定的價格優惠，特別是對價格較敏感的顧客。文化激勵即企業要打造積極向上、健康和諧的

企業文化，以獨特而有內涵的企業文化示人，使企業被顧客信賴。服務激勵就是差異化、個性化的服務，帶有創新性和訂製性。形象激勵是企業要樹立高品味、高格調的社會形象，使客人有自豪感、身份感，並以成為餐廳的客人為榮，甚至成為炫耀的資本。企業可透過打造金牌服務生，為災區、貧困學子捐資助款、進行主題事件營銷等手段為自己樹立良好的社會形象，以贏得顧客青睞。精神激勵是根據顧客不同的職業、性別、年齡、興趣愛好等給予恰當的人文關懷和精神激勵，使其保持愉快的心情。

（5）人人喜歡主動付出的人

不僵化於「SOP」，不拘泥於小的成本，即俗話所言：吃小虧占大便宜。擦皮鞋、美甲，髮圈、眼鏡布......眾多看似微不足道的創新贏來了顧客心甘情願的等待。

海底撈火鍋的發展速度可以說是中國餐飲行業的一個奇蹟。是什麼讓這個普通的火鍋店如此熱門？「超值服務」是眾口一詞的讚譽。通常而言，用餐排隊是一個極其枯燥的過程，但海底撈卻反其道而行之。當顧客在海底撈等待區等待的時候，熱心的服務人員會立即為他送上炸蝦片、水果以及豆漿、檸檬水、薄荷水等飲料。此外，還提醒他可以在此打牌下棋和免費上網。如果是女士，還可以在這裡享受免費修指甲的服務。

而顧客在任何時候都能容易地在附近找到服務人員的目光。從停車泊位、候位、點菜、中途上洗手間、結帳離開等全流程的

各個環節，你都能夠感受到這種細微的服務。當顧客吃飯的時候，服務生會幫他把手機裝到小塑膠袋裡以防進水，會給長頭髮的女士提供橡皮筋和小髮夾，為戴眼鏡的朋友送來擦鏡布。這些小細節都是那麼及時、貼心，令人感動。

（6）人人需要被真誠的關心

服務過程中能夠主動發現顧客的潛在需求，並及時的滿足，這就是真誠關心的原則要求。

這天在餐廳靠窗臨街的一張桌子前坐著幾位香港客人，那位戴眼鏡的穿斜紋條西服的中年人，一看便知道是今天做東的主人。值臺小姐在客人點完菜後便手托冰水壺走到客人面前。「李先生，加點冰水吧？」她那自信的口吻好像早有所知似的。「好啊！」李先生也沒有一點驚奇的樣子，似乎這應在情理之中。只見小姐為李先生倒好冰水後，又放下一碟切好的檸檬片，轉身輕盈地離開。

但是在座的其他幾位客人都不明白，他們進餐廳後沒向誰報過姓名，這位小姐何以知道主人的姓氏呢？更令人思索不透的是她連李先生愛喝檸檬水的癖好都知道，豈不成了神機妙算？一位朋友轉過頭問李先生，是否經常來這裡吃飯，李先生答道：「不常來，大概才三次吧！不過這裡的服務生都很用心，他們觀察到我很怕熱，又喜歡檸檬的香氣，所以從第二次來就為我準備冰檸檬水了。現在感覺就像在家裡一樣。所以我喜歡來這個餐廳。」

五
控制顧客的口碑

餐飲業是一個對顧客極為依賴的行業，因此，建立和不斷擴大知名度和美譽度是每個餐廳追求的目標，可以說，對餐廳來說，顧客即市場。通常在餐廳建立和擴大知名度時，會採取做廣告、建立顧客組織、舉辦營銷活動等形式，例如在電視上或廣播中插播餐廳的介紹、給顧客發放優惠卡、舉行顧客用餐打折等優惠活動，這些手段雖說各有優勢，可是卻有一個很大的缺點就是成本太高，會損傷企業的經濟利益。做廣告，動輒成千上萬；優惠打折，折的是餐廳的純利潤；印製了精美的優惠卡，顧客卻到其他餐廳消費了，因為他們的優惠給的更多。那麼有沒有成本低、效果好的方式呢？這就是很多餐廳已經看「扁」了的「口碑建設與控制」。

很多餐廳是從顧客口碑中成長起來的，因為菜餚味道獨特、服務細心親切，得到了顧客的讚譽，慢慢發展壯大。可是一旦企業成長後，反而認為口碑只對小販小鋪有用，大餐廳要用更加大氣的營銷手段，丟了成長的根本，這是大錯特錯。還有另外一個原因，認為嘴都長在別人身上，餐廳大了，口碑就混亂了，不能控制了，所以放棄了口碑建設。下面，我們就要來探討口碑建設和口碑控制的問題。

要想做好口碑建設，最重要的是什麼？是弄清楚口碑的基礎是什麼。口碑的基礎是服務質量的提升。要想提升服務質量，就要找出服務質量容易出現問題的地方，主要有這五個問題，需要

我們重點關注予以提升：（1）管理層對顧客期望服務的感受與顧客期望的服務之間的差距；（2）對顧客期望服務的感受轉化為實際程序的差距；（3）餐廳的「SOP」與實際操作之間的差距；（4）餐廳提供的服務於餐廳對顧客的承諾之間的差距；（5）顧客感受到的服務與期望得到的服務之間的差距。只有解決好這些差距，口碑建設才是有本之木，才立得起來。

那麼最重要的是口碑逐步建設起來後，能不能控制？如何去控制？我們說，只要合理地控制口碑的受眾對象、口碑的傳播方式等是可以有效控制口碑的。那麼具體做法有哪些呢？

1．控制口碑的受眾對象

對於餐廳來說，口碑怎麼才能事半功倍地建立起來並轉化為實際消費能力？一定要掌握好三種人：首先是顧客群中的意見領袖。這點比較好理解，例如某個公司的老總，在意見上具有絕對權威，那麼和他建立良好的關係，就為餐廳在他的團隊中贏得了好的口碑；其次是顧客群體中的訊息守門人和倡導者。北京喜來登長城飯店每年營銷部做的很重要的一項工作就是組織「祕書節」，為各大公司的祕書過一個簡單而又熱烈的節日，讓祕書們充分體驗到自己被尊重的感受。為什麼長城飯店這麼重視企業祕書？就是因為祕書是一個企業訊息的守門人或倡導者，她的一句話往往就會改變一個決定，贏得一個顧客；最後是消費者替身。例如麥當勞餐廳經常組織員工去社區為孤寡老人做清潔、給社區的兒童教舞蹈、與孩子做遊戲，為什麼？因為麥當勞的策略之中有一點就

是「做社區的好鄰居」，這點為什麼要寫進策略裡面？因為社區的管委會等等組織恰恰就是這個社區消費者的替身和代言人，你在他們那兒的口碑上去了，還愁顧客不上門嗎？

2．口碑必須言之有物

口碑，口碑，先有口才有碑。但是那麼多的訊息，讓顧客說什麼？傳遞什麼？樹立什麼？要凝練成一句話，這句話要朗朗上口，要易記易區分。例如中國首家湯文化藥膳特色餐廳名店——南京雲鶴養生餐廳，就以「吃出健康、吃出美味」作為口號，對每一位前來用餐的顧客提供個性化的營養調理方案，並有中醫權威專家全程做指導，贏得了良好的口碑。當然口號的著眼點不僅僅是菜餚本身，近期衛生就是一個新的關注焦點，那麼也可以圍繞衛生來做文章。同樣的，提倡節約、創建和諧餐飲文化也是一個亮點。濟南有一家餐廳就響亮地提出「顧客打包有理，酒店深表謝意」的餐桌新口號，引導顧客適量消費、適度點菜，提倡、鼓勵顧客「打包」，以減少和杜絕浪費，深受顧客的讚譽。肯德基也是一樣，在速食大受抨擊的今天，肯德基卻越來越火，並沒有受到攻擊，還有很多顧客把它和速食分開對待，這不僅因為肯德基的產品發生了方向變化，而且也和它提出的口號「新速食因為中國而改變」有緊密的關聯。

3·口碑要多渠道建立

　　口碑不能僅僅依靠顧客口傳，這樣理解太過狹隘，口碑需要將顧客組織化並利用更多的訊息渠道傳播開來。著名的藏餐吧瑪吉阿米的口碑極好，為什麼？因為受眾對象單一，瑪吉阿米的動人傳說吸引顧客，口碑的建設被物化到一個美麗而又多情的傳說上，但是瑪吉阿米並未停留在此，而是進一步促進口碑的發展，將顧客潛移默化的組成一個以瑪吉阿米為中心的藏族文化俱樂部性質的組織，並將顧客的留言結合西藏的風情編輯出版了一本圖書——《瑪吉阿米的留言簿》，很受客人喜歡，不僅豐富了瑪吉阿米的形象內涵，還為餐廳帶來了利潤的新增長點。除此之外，很多餐廳利用網站建設，將訊息傳遞給更多的潛在顧客，訊息傳遞的越多，口碑建設越有利，同時網路也是口碑控制的一個現代化手段。

　　總之，口碑是餐廳永遠應該關注的營銷手段，並應該不斷地加以建設，透過良好的控制方法，使口碑不斷轉化為實際消費能力，為餐廳創造更多的效益。

六
讓我們的服務具有感召力

中國的餐飲業面臨著全球市場的競爭，不僅僅是速食，更多的國際品牌進入中國，使中國的餐飲市場進入百花爭艷的時代。如何才能更好的和國際品牌競爭？不外乎在三個方面：硬體、軟體和服務。這是國際通用的產品分類方法，服務是單獨在軟體之外的，這裡的軟體主要是指凝聚知識含量的標準，我們需要仔細分析這三個方面的優劣勢，以確定如何走出一條中國餐飲酒店服務業的突出重圍之路。

在硬體方面，外國的先進餐飲企業配合西餐易於定量、烹製方法簡單的特點，已經訂製開發出很多全電腦控制的機器設備，把西餐的標準化和一致化推向了更好的境界；也正因為如此，在標準方面中西餐有著不可調和的矛盾，因此中西餐企業在標準方面可謂不分高下，彼此的發展方向不同。剩下的就是服務。在服務方面，我個人並不完全贊同中國企業向外國企業直接學習，中國的服務應該體現東方的文化，和外國服務以規範化、熱情化為主要特點的風格不同，我們的服務文化應該是東方人細膩的、情感化的服務。也就是說不僅僅是體現服務的規範，服務的規範可以說更加有利於管理，而不是更加有利於服務，好的服務應該具有感召力。

永遠微笑、職業用語、語調輕柔、有求必應……這些特質確實都是優質服務的表現。但是可以說，從另一方面來講，完全的規

範化的服務和模式，是死板而令人沮喪的，無形中拉開了企業和顧客的距離，讓顧客對企業的最終利潤目的保持警惕。就算中國古代的店小二，和顧客之間的慇勤而親切的感覺，都表現出人與人之間的具有感染力的情誼，而不是像現代企業那種籠罩著光環的但卻是人與企業打交道的那種冷冰冰的感覺。而對服務的感召力的需求恰恰是顧客期望的綜合體現。

充滿感召力的服務，在本質上，強調的是在服務的互動過程中，員工由心而發的真正的熱誠和關懷。它應該包括三個重要的因素：

1．熱情

富於感召力的服務首先是熱情的服務。熱情，並不代表情緒激動，語調高昂。在行業裡曾經有個例子──「三聲問候導致投訴」，原因就是雖然服務人員在客人進門時、落座時、離開時都得到了服務生的問候，但是客人卻向餐廳經理反映服務生態度漠然，機械問好，讓人心裡不舒服。

熱情的力量可以融解規範服務的僵化。筆者曾經在一個餐廳用餐，出門的時候已經開始下起小雨，門口的引領小姐異口同聲地說：「謝謝光臨，先生，請慢走。」我不禁苦笑了，扭頭跟她們說：「還慢走，再慢點就成落湯雞了。」而充滿熱情的服務生會這樣跟客人說：「夏天多雷陣雨，要不您等雨停了再走。」然後給客人一杯水、一份報紙，客人會覺得比規範的職業語言更加受用於心。

熱情是在心中湧動的能量，它來自於企業對待客戶慷慨的理念。這種慷慨不是簡單的給顧客讓幾分利、打個折扣，而是如何體現「當有顧客時，我是最關注他的人」的理念。2006 年德國的世界盃讓世界對德意志民族肅然起敬。哪怕是在德國隊進行比賽時，現場維持秩序的警察都是一致背對賽場，認真履行自己的職責，不偷看一眼比賽。而事實上，很多警察都是狂熱的球迷。這就是真正的慷慨，不是把你不需要的東西捨棄給別人，而是為了別人你可以捨棄你最喜歡的東西。同時，這也是熱情服務的精髓。

2 · 創新

創新是指在傳統的優質服務或經驗中探尋新穎和獨特的東西。創新的服務能讓企業在激烈的競爭中同其他對手區分開來，給客戶留下深刻而美好的印象。

特別提示

真正的慷慨不是把你不需要的東西捨棄給別人，而是為了別人你可以捨棄你最喜歡的東西。

創新應該著眼於服務細節，不要總想著做大事。北京眉州東坡餐廳的菜餚深受顧客喜愛，很多顧客喜歡多嘗幾個菜或者把離家近的眉州東坡餐廳當成了「私家餐廳」，顧家愛菜餚打包，可是傳統的餐盒往往容易漏灑湯汁。眉州東坡餐廳專門尋找了十幾家餐盒供應商，最後敲定了一種材料環保、規格多種、密封緊實的餐盒產品，並且可以在微波爐裡直接加熱，方便顧客回家食用，也避免了刷洗的麻煩。雖然成本比傳統餐盒高了幾倍，但是每當顧客滿意的打包離開，還一路稱讚眉州東坡餐廳餐盒的實用性，眉州東坡餐廳為顧客著想的口碑就更廣的傳播開來。

3 · 動人

富有感召力的服務能以一種支持與客戶結合的方式觸動你。在與客戶近距離的接觸中，透過溝通，瞭解客戶真正的想法，及時調整服務的內容和方式。不僅是吸引他們的注意力，還要激發他們的情感，讓他們對你的服務產生主動的反應或自然而然地被引導。

長城飯店作為中國最早的五星級酒店獲得了良好的聲譽，有它的過人之處。就拿客房餐飲預訂處的莫尼卡來說，她能夠在第二次接聽顧客的電話時就準確地稱呼出顧客的名字。有一天，阿拉伯銀行的林先生打過來電話要訂餐，莫尼卡從他的聲音裡聽出了不高興，分析可能顧客辦事情不順利，於是就讓廚房加快了烹製速度和送餐時間。大約十幾分鐘後，林先生從房間裡打來電話，原來他今天去天津辦事很不順利，但是能在十分鐘內享受到可口的晚餐，他對莫尼卡表示感謝。而逢到經營旺季或者送餐高峰時，顧客打過來電話催促，莫尼卡從不向客人強調酒店如何如何忙不過來，而是說我們飯店的生意特別好，請大家為我們飯店的生意興旺祝福，這樣的話語往往能夠得到客人的同情和理解，即使再等一段時間也不抱怨。正是因為莫尼卡堅持了她的悉心服務，才取得了打動人的效果，和很多顧客建立了深厚的感情。

上面這個例子很好地證明了這種方式使員工與客戶之間建立了親密的關係，客戶透過沒有障礙的溝通，瞭解到企業對待客戶的真誠。要知道你的服務不僅代表了酒店，更重要的代表了你自己。

服務業發展了這麼多年，將真正的展翅高飛，衝破僵化、規範的藩籬，讓人性在服務的舞臺上翩翩起舞。富有感召力的服務將為你打上炫目的追光，讓顧客得到難以忘懷的服務體驗。

請您思考

1．請說出市場細分的過程。

2．什麼是服務感召力？在您的餐廳可以如何去實施？

_____

_____

_____

_____

_____

_____

_____

_____

_____

_____

_____

_____

_____

_____

第六章 服務文化的魅力

文化不僅僅在於您做事的內容，而且還在於您做事的「方式」。 這是形之於內，表之於外的人生態度。

——喜達屋服務文化

我們的信念：服務文化

文化不僅僅在於您做事的內容，而且還在於您做事的「方式」。這是形之於內，表之於外的人生態度。

人才決定成敗

客戶會注意到我們的創新設計、營銷方式和產品，對與我們員工的交流，他們更會記憶猶新。每一職位的員工對客戶的整體體驗都很重要。客戶們欣賞的酒店是員工們為在這裡工作而感到自豪！在員工的微笑中、在他們熱誠的幫助中、在他們對客人需求的理解中、在他們超越期望的不懈追求中，我們的客人可以看到他們的自豪之情。

改變的機會

作為喜達屋團隊的一員，每個人每天都會有特別而有利的機會，對我們的客人和同事的生活帶來積極的影響。真正的服務文化不是短期內速成的，也不是單方面的行為，那是在與我們的客人和同事的每次交流中不斷地奉獻，表現出無微不至的關懷。我們的上司身體力行地支持與培育這一文化，我們的經理鞏固這一文化，我們的員工與其息息相通——每一天。當您融入這樣的氛圍中時，會「感到」充滿激情、朝氣蓬勃。每天都想有所作為，創造新意。

良好的業績

　　立足於強大的服務文化，不僅可令同事和客人獲益，還將有助於提高我們的運營業績。服務文化不僅是銷售服務，更致力於發展關係。正是透過我們的誠信、勤奮、善解人意和無微不至的態度，我們才在企業內外建立了互相信任的關係。

——喜達屋服務文化

　　喜達屋的服務文化不是唱高調，對於一個企業來說，服務質量的提升除了很多細節方面的東西之外，根本在於這個企業信奉的是一種什麼樣的服務文化。喜達屋服務文化是一種境界，考慮到了服務文化的各方面。這種把文化內化於心並且和員工的行為與人生態度結合起來的做法，體現了企業文化的深刻內涵。

一
企業文化的含義

　　很多企業津津樂道於自己搞了多少文藝活動、技能比賽或者是定期板報，認為這就是企業文化了。我們不可否認這些行為在企業文化建設中的作用，但對於推動整個企業的凝聚力、競爭力和利潤增長來說其作用是微乎其微的，這些行為只是企業文化的一種外顯而且是很少的一部分外顯，真正的企業文化是企業的價值觀，並包括根據這種價值觀派生出來的思維方式及在這種思維方式引導下展現的企業與員工的行為。我們可以從三個層次來理解企業文化：

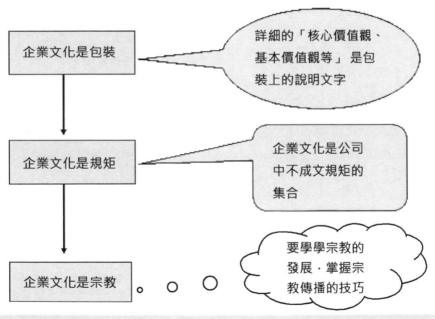

企業文化對外就是企業的包裝；對管理層是企業在規章制度之外的規矩；對員工來說是宗教

而對於我們餐飲企業來說，企業文化有很大一部分是表現在我們的服務文化上。一個追求基業長青的企業有它的超越了單純盈利目標的追求。偉大的管理學家吉姆·柯林斯說過：「每個偉大的企業都有一個超越賺錢的目的。迪士尼是讓人們快樂，惠普是做出技術貢獻，而通用電氣則是為世界培養 CEO。」這個超越賺錢的目的就代表了價值觀。

青島海景大酒店企業文化提煉表

服務品牌	價值觀念
情滿海景	真誠回報社會，創造民族品牌
酒店宗旨	經營理念
創造和留住每一位顧客， 把每一名員工塑成有用之才	把客人當親人，視客人為家人
海景精神	海景作風
以情服務，用心做事	反應快，行動快
質量觀念	管理定位
注重細節，追求完美	管理零缺陷，服務零距離
管理風格	制勝法寶
嚴中有情，嚴情結合	用信仰塑造、鍛鍊一個和諧團隊
優質服務成功要訣	做事成功要訣
熱情對待你的顧客 想在你的顧客之前 設計滿足顧客需求 讓顧客有一個驚喜	完整的管理工作鏈必須有布置、有檢查、有反饋。凡事以目標結果為導向，事事追求一個好結果。無需別人催促，主動去做應做的事，而不半途而廢。

二
服務文化的力量

　　服務文化的塑造，有助於形成「上下同欲」的和諧氛圍，透過制度構建、文化薰陶，促進全員服務質量的提高，從而有助於構建服務品牌。這顯然是超越了管理、人力、技術、資金等等企業經營要素的另外一片天地。但是建設服務文化，必須創新服務內容，而這個服務內容是有具體的落實點的。這個落實點必須能夠支撐起企業的服務文化，它的根基是一群和企業有著共同長期目標的員工，並且不斷地按照服務文化的要求為每一位顧客的每一次光顧靈活地提供優質的服務。我們可以麥當勞的服務金字塔為例來更好地加以理解：

　　服務文化形成了一定的氛圍之後，一定會表現在服務的精細化方面。所謂「精細化管理」，就是將管理覆蓋到服務的每一個過程，控制到每一個環節，規範到每一項操作，精細到每一個方面。精細化管理是一種意識，是一種「以顧客為關注焦點」的原則反映。但是同時，精細化管理倡導的又不是「服務過剩」，而是以最直接的方式、最簡單的方法、最簡潔的原料體現對顧客最需要的關懷。

　　香港和臺灣的酒店業有自己的風格和特點，其中東方人的細膩體現得非常明顯。

麥當勞金字塔

We're out to make you smile

客滿企位｜每

每一次光臨

快樂
年輕的活力
讓我感到與眾不同、
讓我擁有滿意的微笑
超乎想像且獨特的
麥當勞用餐經歷

負擔得起、快捷及輕鬆｜最棒的食物｜兒童的樂園、便利｜乾淨安全、社區的好鄰居｜甚至如解多種化的產品

一群以麥當勞為榮願意奉獻的夥伴

這種細膩予以程序化，並持之以恆，就成就了港臺酒店精細化服務管理。具體說來，港臺酒店的精細化服務管理體現在如下幾個方面，我們透過案例來進行詳細的瞭解：

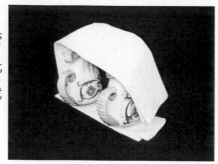

蓋好口布的水杯

1．衛生的「潔淨感覺」傳達

在大陸加強了衛生等級量化工作的同時，港臺酒店已經將關注焦點更多地集中在環境和衛生工作的和諧方面。臺灣最近一直倡導「餐飲無油煙」運動，並且設立了「餐飲業油煙減量輔導協調會」，邀請業者深入瞭解各項汙染的防治工作；而對應這些工作倡議，澎湖很多餐廳酒店積極安裝煙氣濾網、過濾棉或擋板等過濾設備，並定期清洗濾網或更換濾棉，以保證煙氣的淨化。同時舉一反三，在垃圾分類和油脂處理方面也有很多有效的措施。

單純從顧客對潔淨的感覺方面，港臺酒店也做了很多細節化的工作。

右圖這些水杯全部用乾淨的白色口布蓋好杯口，傳遞了細節衛生的重要性，明白無誤地告訴顧客——我們想得比您自己還細，請您對我們的衛生放心。大陸一些高級的酒店也採取了類似的紙質一次性杯蓋，在環保方面還是一個不小的資源浪費。

2．服務標識訊息明確

在香港的餐廳，很看重服務訊息的標識，因為它傳達了服務訊息，既方便了服務人員同時也方便了顧客，促進了服務效率的提升。就拿茶壺來舉例子，大陸很多酒店的茶壺都是一個款式，也看不清楚裡面到底是什麼，不知道是菊花茶還是碧螺春，但是香港的這家餐廳就用梅花形的茶壺蓋圈清楚無誤地表明了這是一壺什麼茶，服務人員既不會拿錯，顧客也可以有選擇的自己斟倒。

3．環境裝飾體現「靜、雅」的自然觀

臺灣知名的酒店涵碧樓位於臺灣南投日月潭邊，原是蔣宋行館，目前成為臺灣最貴的渡假飯店。它的裝修倡導了整體空間概念，展現出「涵碧樓」是座獨一無二特別量身訂做的國際飯店；同時充分以融和的手法來展現具有未來性的建築風格，被稱為「On going style」，意即「前進的建築樣式」。所有的裝修和自然相互融合，成為自然環境的一部分，並且全部面對日月潭的湖水，把顧客都帶到了自然之中，讓人感覺不是在酒店而是在大自然中行走，在被自然所擁抱的同時，又可體會到酒店利用花枝、漂蠟、河塘、游魚所營造出東方禪意的靜態之美。

從環境內的插花上來說，不像大陸更多使用大型綠植或者插花，而是以小搏大，以精緻成為室內的亮點。

他們做的是使插花成為一個微型的景觀，使用了較少的鮮花而利用了能夠長期使用的一些石頭、模型靜物，既達到了鮮花的效果，也節約了成本。

茶水不同，標示不同

4·對可服務設施功能集成

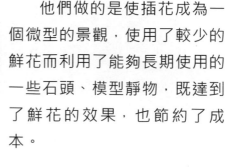

臺灣涵碧樓

大陸的一些酒店，有很多高級的服務設備，可是顧客仍然覺得不方便，為什麼？分散是一個主要問題。香港的酒店餐廳集成性做得很好。就拿洗手間的設施來說，如圖所示，小小的一個洗手池，上面是洗手液，沖洗後，旁邊是擦手紙，紙盒下就是廢紙箱，扔掉之後旁邊就是烘手的熱風，讓顧客很流暢地完成一次洗手的享受。所以，可以說這種集成是以顧客的方便感受為出發點設計的，而不是像有些酒店是以給酒店撐門面的豪華感覺為出發點的。

涵碧樓的插花

5．培訓貫穿細節

　　培訓是酒店質量生命的強壯劑，培訓必須得到有效的控制並貫穿全部環節，否則被忽視的環節必將出現問題。港臺大多數酒店在培訓方面都很注意，採取了培訓四步法進行培訓，同時注意現場教學。上圖就是酒店正在進行磨地板機的使用訓練，酒店先給每位員工發放使用程序單，然後示範講解，再由每一個員工進行演示，教練進行現場的修正，保證了培訓的順暢和有效。

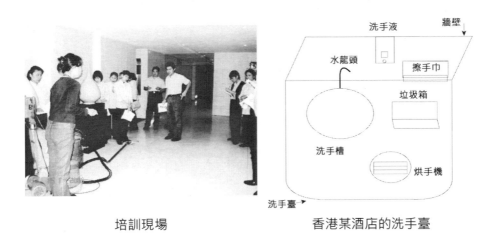

培訓現場　　　　　　　　　　香港某酒店的洗手臺

6．因地制宜、因人而變的服務規範

　　服務規範是死的，顧客需求是活的，我們永遠都應以顧客需求為最終參照標準。下圖就是一個好例子。為了讓顧客看到外面美麗的景色，靠窗子的臺面只擺了三人餐具，靠窗戶的一面空了出來，此餐桌的餐位不是均分的，保證了顧客在用餐的同時欣賞自然的美景。這是典型的照顧顧客需求、靈活運用服務規範的例子。

吧檯動線　　　　　　　　　　　　　靠窗的餐臺

7‧完善的動線管理

　　動線在酒店裡有很重要的地位和實際意義。不僅是員工的動線，還有顧客的動線，不能交叉，不能繞遠，否則不利於對客服務，也不利於資源節約。港臺酒店從吧臺設計來說都很科學。一般兩邊都可以進入，視野也非常開闊，可以引導整個廳面的動線。各種設備設施、水槽都符合流程的需要，避免了動線的交叉。

　　總之，精細化管理來源於對細節的關注，來源於一切從顧客需求出發的原則。老子說：「天下難事，必始於易；天下大事，必始於細。」讓我們發現一切值得借鑑的細節，把酒店的精細化管理做好。

三
服務文化重在執行

1・執行力的資源基礎

執行力是個很奇妙的東西，很多執行力的課程被開發出來，但是課堂上激情澎湃，遊戲做得印象深刻，可是課後執行力提升沒有呢？恐怕在很多酒店效果是體現的很差的。那麼我想執行力其實更多的是一種綜合推進，而不是單純的技術改進，執行力究竟如何，最重要的是看企業中為執行力創造的各項資源。資源包括的比較寬泛，通常我們從人力、設備、物料、流程、環境和訊息等方面來加以細分。

人力資源是非常重要的基礎資源，一批合適的中層是體現執行力的重要環節。如果沒有合適的中層經理，沒有職業化、沒有敬業心，那麼任何執行都是難以實現的。

> **專家視點**
>
> 執行力不是單純的技術改進，而是企業資源的綜合推進。

而設備和物料是執行力的物質基礎，也體現了財力的支撐。任何改革和推動都是需要成本的，尤其是酒店的改革很大一部分是逐漸縮減服務過程中人的因素，增加物的因素，因此，設備和物料也是非常重要的資源。

流程就是酒店很熱忠做的「SOP」。這一點本身是沒錯的，是必須的，但是很多酒店尤其是轉型提升期的酒店，員工的文字

水平是比較弱的，所以就造成了員工寫不出來→照抄經典酒店文本→和實際運作兩張皮→員工認為「SOP」無意義→酒店認為員工差的惡性循環。

環境是一個酒店的軟性「福利」，尤其是現今酒店「80後員工」的增加，使得酒店的人文環境、人際關係、工作快樂程度成為酒店非常重要的執行資源。

訊息越來越需要共享，沒有訊息共享，老闆和中層的距離越來越遠，中層和基層的距離越來越遠；人是越要越多，工作是越做越差。有的時候，執行力差，是因為訊息傳遞方面出現了很大的問題，而不是單純的效率問題。

2．執行的文化、策略與流程

那麼話又說回來，之所以造成各項資源不能配合執行力，有沒有什麼更深層次的原因呢？我想，在執行力提升之前、在各項資源能夠逐漸配合之前，最重要的是做好三個執行──執行文化、執行策略、執行流程。

很多酒店是沒有自己的文化的。但是執行是文化的執行，文化是執行的文化。沒有文化就沒有執行，因為兩者密不可分，執行即文化，文化即執行。有的酒店認為文化太玄，沒有什麼意義和必要；有的酒店又認為文化是要一朝一夕累積的，沒有辦法確立。這是兩種偏向性很明顯的誤解。任何企業都需要有文化。只

不過表現的形式在不同階段有所不同。所以酒店需要總結和歸納，提煉自己企業的文化。當然，有一些是不明確的，我們把它提煉成比較明確的、符合行業特點的、達到顧客需求的明確內容。有些酒店的文化之所以越來越成為口號，在於提煉的偏差，而不能說企業文化就是口號、就是沒什麼實際作用的。這就好比世界上有假和尚、有打著佛教名義騙財的，不能說佛法出了問題，出問題的是人心。一個酒店的文化要和酒店所處的地域、地域的歷史、今天的狀況等等結合起來，而不僅僅是一種服務要求的體現。要知道企業文化不是換了一種形式的員工守則，而是企業如何表現自己的境界，吸引那麼一批有共同理想的人一起達成企業目標。

其次是酒店的策略。酒店在企業發展方面的策略和目標，不要好高騖遠，不要脫離實際的生搬硬套，而是一步一步穩紮穩打的去搞基礎。那麼這個策略不是誰拍腦袋想出來的，如果是這樣的，那麼誰想出來的最終結果就是還得誰自己去執行。酒店的策略要靠群策群力，最起碼要中層一起總結。每半年做一次中層的工作述職和回顧，然後回顧半年工作策略和目標的完成情況，然後中層分成幾個小組，酒店根據狀況分析可以提出幾個方面，比如經營方面的、學習方面的、顧客服務質量方面的等等，分別由每個小組自行討論總結，然後每個小組派代表用 PPT 演示，最後合併同類項，把文字進一步精煉，就成為企業新的半年度策略。然後根據策略，財務中心再有數據、有分析的提出每個部門的具體分解指標，這樣大家才能有個共同認識，有了共同認識才能有認真執行。

再次是流程。流程很重要，但是更重要的是流程如何和實際相結合。酒店「SOP」解決的第一步問題是透過流程保持執行的一致性；然後在督導和運行的過程中發現不足，持續改善。一些酒店編寫流程不好的傾向是：增加節點、增加控制環節、增加報表，而不論這些是否必要。只是這樣做了，流程很好看、文本很厚重，但是恰恰干擾了執行力。

　　最後我想再說說督導的問題。督導是執行提升的重要手段。有了文化就是有了執行的氛圍；有了策略就是有了執行的方向和衡量的標準；有了流程就是有了執行的手段。如果說文化是土壤，策略是溫度和濕度，流程是養花的方法和肥料，那麼督導是及時的鬆土、施肥、澆水。沒有督導是開不出美麗的執行力之花的。督導不是督導部的督導，是行政辦的事項催辦、員工大會承諾的監督落實、督導的日常檢查、顧客意見的認真分析、員工滿意度的綜合評價等等因素共同組成的。

　　總之，執行力不是培訓能夠提升的，要依賴於酒店的文化、策略、流程，同時要有督導體系的促進和催化，專注重複，持續改善。要記住：不要為得不到 100 而放棄，那樣的話，結果只能是 0，而每天多做一點點，每天進步一點點，就會做到 0.1> 0 ！

四
佛教文化對服務文化的啟示

佛教從來都是一個入世的宗教。佛教的根本觀念之一是：拯救眾生。我把它理解為一種服務——我們應該服務於眾生，而為了服務於眾生，我們必須置身於滾滾紅塵之中。

作為管理者，我想首先要學習的是佛教的因果觀。因果觀把因果分為幾種層次：（1）有因必有果。（2）有善因得善果，有惡因得惡果，不同的原因導致不同的結果。（3）一果非一因，一因非一果。一種結果（問題）可能不是一種原因導致的，同樣的，一個原因可能會導致不同的結果。（4）善有善報，惡有惡報，非是不報，時候未到。有什麼原因必然會導致什麼結果，但是有可能是不同步的，結果會在不同階段顯現，而並不一定是這個階段的原因導致的。所以，管理者最重大的工作應該是分析。分析什麼？分析問題、分析前景。我們必須不斷地去思考，思考問題的原因，弄清問題的根本原因，從而真正的解決問題或者引導企業前進。

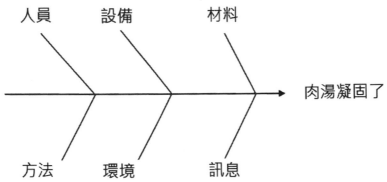

在這裡，我們應該規範一下魚刺圖的使用方法。魚刺圖是非常有效的分析問題根本原因的方法。它指向的是問題的表象，六根主骨分析的是六大資源方面的問題（見右圖）。例如顧客反映當天的東坡肘子味道不好，上桌的時候菜的肉湯已經凝固了：

那麼我們要接著在支骨上面分析，比如人員是不是受到過正規的訓練、技術力量的安排有沒有問題；設備上可能瓦斯的火力不夠，可能沒有盤子加溫器；物料方面可能肘子皮質過多；方法方面可能最新的操作標準沒有下發；環境方面可能傳菜路程過長；訊息方面可能做好了之後人員傳達不到位等等。什麼時候在六個方面都分析到不可再分的時候，就是分析到了根本原因，我們只有針對根本原因選擇解決方法，才能徹底解決問題。

弄清事情的根本原因的目的是為瞭解決，就像是佛教的信仰是為了行動一樣。如果一位佛教徒，每天唸經，經常布施寺廟，可是卻不願意在自己力所能及的範圍內去幫助別人，那麼他不是一位有信仰的人。所謂信仰，是執著於某一種思維方式，並且身體力行。佛祖曾經教育我們，要「法四依」，即：依法不依人（依佛法，不依人），依義不依語（依精神實質，不依怎麼說的言語），依智不依識（依智慧不依現象），依了義不依不了義（依徹底義，依究竟義，不依靈活運用的方便義）。

這個「法」是什麼？是思維方式、是方法、是制度。佛教的思維方式就是眾生平等（雙方的關懷平等，雙方的利益平等），

在平等基礎上才有真正的尊重和理解。在方法上就是叫「不二法門」（任何雙方其實是一個整體，利益不二，共生共存不二）。那麼管理者應該把它物化下來，體現在制度上。制度是尊重人的、理解人的，就會在根本上成為企業的「法」。如果你的制度是不合理的，就不能夠被有效的遵守，當然，沒有制度，也是不如法的。

這個「義」是什麼？是精神實質。換而言之，就是以各種表現形式體現出企業對人的尊重。我們酒店行業經常舉的一個例子就是：某天一家酒店正在開班前會，來了一個早到的客人希望用餐，結果沒人答理他，因為領班正在前面講解「以客為先」。還有一個我自己的親身例子：當我離開眉州東坡餐飲管理集團的時候，雖然公司的高層都很不理解，也不希望我離開，可是他們尊重我的選擇，並且團隊全體成員擠出時間湊在一起為我開歡送宴會，然後拿出一個精心裝裱過的鏡框，裡面是團隊成員每人為我寫的一句話。這種以人為本的精神實質比任何語言都更有說服力。從另外一個角度來說，特別是針對犯錯誤或者有錯誤傾向的員工來說，不要首先想「因為他們怎麼怎麼樣」，而是要思索「我們有沒有怎麼怎麼樣」，也就是說不是因為員工貪婪或者懶惰，而是企業有沒有提供一條達成目標的道路或者方法。

這個「智」是什麼？是智慧。智慧來源於什麼？佛經上說得很明白：「因戒生定，因定發慧」。佛教的創始人釋迦牟尼在臨終前告誡我們：他活著的時候，是「以法為師」，他去世了，就要「以戒為師」。這個戒我理解的首先是「身教」。管理者自身做得如何？我們是不是把自己放在和員工平等的地位上去工作、去說話、

去執行制度？任何時候都不要有管理者的優越感，而是服務。在這之後，我們爭取創造「無我利他」的局面。我們倡導淡化自我，更多的考慮對方，並且付之於行動。在現實社會裡，我們達不到理想的狀態，但是最起碼要考慮對方的立場然後規範自己的慾望。在企業裡面，員工和老闆應該相互為對方考慮，老闆應該想到員工付出的辛苦和功勞，要儘量給予他們回報，員工應該感謝老闆給自己一個學習進步、發展事業的平臺，相互感恩，企業就是和諧的。企業和諧了，就是安定。企業安定，人心穩定。這個時候就能產生良性互動，就能創造大智慧，就能推動企業的發展。

這個「了義」是什麼？我理解就是事情的根本解。我不排斥「症狀解」。一個人生病了，發高燒，要先解決退燒的問題，再研究為什麼會發燒。如果單純研究為什麼發燒，等研究出來了，人已經死了，就沒有意義了。所以我們佛教有方便義，就是可以便宜行事，但是最終還要回到究竟義上。所以提醒了我們管理者，不是最新的、最玄妙的理論就是最適合自己這個企業的，而且任何管理方法也不是一成不變的，或者管理方法本身不斷調整、優化，或者不同階段採取不同的管理方法，或者使用多種方法的組合。那些寄希望於請教一個專家、得到一條妙計，企業就成鳳化龍的想法，在佛教看來就是「鏡花水月」。

最後，我想說到「空」。佛經說：「空即是色，色即是空，空不異色，色不異空。」這個空不是僅僅指虛無，這個色卻有時指的是人的看法。作為管理者，尤其是遇到危機時，應該思索上面的話。我理解的「空」有的時候是指事物的兩面，也就是說危

機裡蘊涵有機會，管理者能不能把這個機會從危機裡剝離出來。在那段危機四伏的「非典」時期裡，很多商家被迫停業了，眉州東坡經過認真分析自身的現金流情況（財務），保持和政府的高度溝通（對外），採取對員工負責任的態度和方法（對內），終於順利渡過那次危機，不僅每天堅持營業，而且還創造了很多有利於健康的新菜餚，最終保持了企業略有盈餘，更重要的是擴大了企業市場份額，贏得巨大的商譽（危機轉化結果）。

佛法不是迷信，它研究宇宙的規律，希望人類能夠「自覺、覺他、眾生普度」，在經濟組織裡、在經濟運行中學習佛法，必將會開創管理的光明前途。

五
菜單是企業文化的重要表現載體

菜單對於餐飲企業來說具有異常重大的意義，菜單是一家餐廳的經營方針的綜合反映，標示著餐廳經營的特色和水準。菜單指揮生產，同時也決定了員薪資質需求，直接影響到成本、資源與能源的消耗狀況，因此，菜單設計就成為餐廳經營的重中之重。那麼將一些常見的菜單設計的錯誤加以歸納，並在實際設計過程中加以規避，將有助於我們設計更為合理和有效的菜單。

通常菜單設計的錯誤包括：

（1）菜單不能反映餐廳的經營目標。突出的問題是反映出餐廳經營的目標顧客市場模糊，不知道或者沒有透過菜單表現出餐廳是針對哪些消費群體的。例如菜單中的菜餚選擇高中低級參差不齊，所有菜餚平均對待，主要特色菜不突出，主要獲利菜餚也不突出，讓顧客無從選擇。

（2）菜單發送的訊息比較模糊。例如有的菜單上沒有餐廳的簡介，讓初次消費的顧客一頭霧水；有的菜單上高級海河鮮僅標明「時價」，顧客不知道具體價格，為了避免挨宰，只好不點這些菜；有的菜單上的菜名美則美矣，不知道主料輔料，更不知是否忌口，讓客人都倍感麻煩。

（3）菜單開合翻看不方便。有的菜單封皮採用金屬、皮革、木板等材質，追求厚重、高級的感覺，但是拿著很沉又不便於顧客開合翻閱，反而讓人感覺華而不實。

（4）菜單內芯形式大於內容。有的菜單內芯設計華麗，不相關的圖片很多，底色也很搶眼，但是最重要的菜餚圖片、菜餚簡介、價格等卻很不明晰，大有捨本逐末的感覺。

（5）菜單的菜量過多。通常一個餐廳的菜單菜餚數量視規模在 80 ～ 120 道之間，視餐廳的主要客源需求設定不同菜類的比例，有的菜單為了追求豐富性，動輒 200 多道菜，結果長此以往菜餚製作質量難以保證，餐廳備貨也出現很大問題，反而影響了餐廳的聲譽。

（6）菜單中菜餚分類混亂。有的菜單菜餚分類過細，先是涼菜，再是熱菜，結果又分了山珍菜、鍋仔菜，最後又有蔬菜類、豆腐類、小吃類、湯羹類菜餚，分類標準很混亂，而且不便於顧客選擇。

（7）菜單的材質選擇與餐廳氛圍不相符。例如一家高級餐廳卻選擇了塑膠菜單，一下子就降低了層次；而有的餐廳裝修氛圍是金碧輝煌，菜單卻選擇竹簡造型等山野情趣的，讓人難以接受。

那麼針對這些常見問題，我們怎麼去規避呢？通常菜單設計的注意事項包括：

　　（1）始終明確設計菜單的三個理由——①菜單可以增加顧客的需求量；②菜單可以增加貢獻差額；③菜單可以為餐廳創造較大的市場占有率。在這三個原因的基礎上再考慮菜單中具體菜餚的選擇。

　　（2）營銷策略和計畫產生菜單。首先要明確餐廳的目標顧客市場，才能有針對性的設計菜單，要明確目標顧客的喜好和消費層次，菜單設計才有的放矢。

　　（3）菜餚確定之後，要明確菜單的版式。通常可以這樣設計菜餚順序——特色菜、涼菜、禽肉類熱菜、菜蔬豆腐類熱菜、羹湯、小吃等，酒水和河海鮮另設計酒水單、海鮮單，既便於顧客選擇層次豐富的菜餚，又便於服務生記錄，還保證時價材料可以隨時更新價格；菜單的開合方式可以有多種樣式選擇，例如竹簡式、摺疊式、單頁式、活頁式等等，不一定拘泥於書本式；對於字的大小來說，通常菜單上的字不應小於四號字；菜單的畫面不應該太多，否則會讓人感到凌亂。

　　（4）通常菜餚的數量在菜單中的結構比例為——涼菜、熱菜、小吃、羹湯在 5：15：4：3 左右，然後再視實際情況確定更細的菜餚數量，但是原材料要儘量統一或靠近，以減少備貨的壓力。

（5）菜單定價的程序。通常由廚師長制訂菜單後，要編制每款菜餚的標準配方，配方要包括主、輔、調料的名稱和用量；之後採購部要出具主、輔、調料的單價，並報財務部計算出成本率；最後財務部出建議價格（三種），上報總經理確定售價。

總之，菜單設計是一個繁雜的系統過程，全面瞭解菜單的意義，事先規避菜單設計的常見錯誤，將有助於我們更加順利地提升餐廳的經營管理。

北京大董烤鴨店菜單賞析

北京大董烤鴨店是世界聞名的一家高級餐廳，其掌門人大董先生除了在管理方面有自己獨到的眼光和做法，在菜餚研發方面更是可以說開創了中國餐飲文化的一個新篇章。

拿到大董的菜單，所有的客人都有眼前一亮、耳目一新的感覺。這本菜單是中國餐飲文化的良好體現，有很多方面值得推廣學習：

一、整套菜單和大董烤鴨店的文化主題緊密相扣

菜單是什麼？是一個載體。透過看一個餐廳的菜單，從技術角度來說，你能夠看出這家餐廳的接待能力怎麼樣、菜餚的技術含量如何、後廚的布局是不是合理、這個餐廳的目標顧客市場是

哪個層次等等；而從文化角度來看，就是看這個菜單和整個餐廳的文化有沒有一致性，它們之間應該是互相印證、彼此提升的關係。大董烤鴨店從北京貴族文化演變到皇家書院文化，離不開一個「文」字，那麼在北京的兩個店裡的裝修有宮廷的符號、有傳統的符號，更有文化的符號。比如整齊的《四庫全書》，比如包廂裡的詞賦牆。那麼這套新菜譜的主題是什麼呢？——「風雅頌」，「風」是特色菜，「雅」是主體菜，「頌」是酒單。風雅頌是什麼？是中國歷史上影響巨大的詩歌總集，來源於民間而高於民間，歷代傳頌，這就很好地配合了大董烤鴨店菜餚來源於傳統精髓但又經過現代提煉的定位，和整個餐廳的文化主體相和諧統一。

大董吧檯

大董糖醋小排骨

我想特別提到的是基色的選擇。大董烤鴨店的基色是紅、黃、黑，紅黃是傳統色彩，黑色是大成之色，這樣才能壓得住，有色彩的平衡。那麼菜譜是什麼顏色呢？銀灰色。銀灰色是新貴族的顏色，既不跳脫，又別有高雅氣質，這個基色選擇是非常準確的。

二、菜單充分體現了文化的集合性

翻開菜單，覺得有種中國文化的氣韻在流動。為什麼？開篇是〈大董美食銘〉。我不是不贊成從歷史典籍裡去找餐飲文化，但是很多餐廳的典故可以說毫無新意，更別提有的餐廳菜譜前後一看就知道是杜撰的一兩個故事，根本無法吸引顧客。提煉自己餐廳或菜餚的核心精髓，形成特有文化，這篇〈美食銘〉做到了。

令人叫絕的是，每道菜都配了一句宋詞，而且配得貼切和巧妙。拿「糖醋小排」來說，配的詩詞是「孤舟蓑笠翁，獨釣寒江雪」，然後整盤菜的配飾若晶瑩白雪下猶自蒼翠挺立的小草，盤間的留白恰似封凍江面上寂寥大石星散，而引出了紅潤中又像撒上雪粉的糖醋排骨，不僅突出了菜的意境美，更重要的是使整道菜的氣象都為之一變。所以這套菜單不叫菜單，而叫做「大董烹飪藝術作品集」，顧客就認為很貼切，看菜單完全是一種藝術欣賞。

雪菜冬筍

三、充分體現菜餚的意境美

中國菜是藝術，藝術要體現意境美。我對此印象最深的是「鱈魚南瓜盅」。

南瓜盅要想做出新意，不那麼容易。但是這道菜把南瓜雕成梅花形開口，盤間用白杏仁和紅汁等畫出一幅寫意梅花，支持整道菜的風骨變成「無意苦爭春，一任群芳妒」，何其巧妙和誘人！

四、盛器造型多變，錯落有致，質感和食材相互配合

我自己對菜餚的盛器是很在意的，不在於多麼名貴，而看怎麼更好地為食材服務。我們來看「雪菜燒筍尖」這道菜。

盤子裡就是用兩節竹筒做盛器，一高一低，充滿層次感。因為用了食材本身產生的基礎做容器，更加誘導顧客形成良好的聯想，可以說，菜未入口，已感到竹香氤氳。

再看「紅油小鹿肉」。

剔透的水晶玻璃杯中裝著神祕如紅酒般的紅油，裡面是質感很強且呈立方體的鹿肉，再配上一道綠色作裝飾，簡直就是一幅畫。這個盛器好在哪裡？一是顯得高級，最重要的，減少紅油的油膩感。

還有「糟溜鱖魚片」。

盤子的紋理非常有韻味，然後形成一個個同心圓，圓心焦點是菜餚，這就是盛器和菜餚互相借勢，其結果就是 1+1＞；2 的效果。

五、菜色創新的融合性

現在很多餐廳都重視菜色創新了。可是創新的基礎是什麼？是對各種食材性質的深刻瞭解，是對各種烹飪技法的靈活運用。如果沒有良好的基本功，沒有對食材品性的內在瞭解，這樣的創新叫做亂搭配、胡堆砌。現今的餐飲界這種現像是比比皆是的。這本菜譜裡有大董很多創新菜式，感覺怎麼樣呢？兩個字——「舒服」。

我對菜的口味評價標準很簡單——「好吃」，我對菜的外形評價標準也很簡單——「舒服」。可是要能做到這兩點那是非常不容易的。我看到「糖葫蘆提拉米蘇」的時候可以說有點震驚了——誰敢這樣搭配呢？可是你看，造型上提拉米蘇的厚重和糖葫蘆外殼的晶瑩對比強烈，口感上酸、甜、潤、綿或許還有巧克力的微苦又互相融合，這道創新菜就抓住了融合的精髓，融合的是靈魂，不是外在。

糟溜魚片

六、體現高超的技術和菜餚鮮明的特點

俗話說得好：「唱戲的腔，廚師的湯。」湯對於烹飪來說是非常考功夫的。我比較害怕的就是該是濃湯的時候味道寡淡，該是清湯的時候卻又混濁曖昧。我們來看「清湯鴨舌羊肚菌」。

湯很清澈，很好的襯托出主料鴨舌和羊肚菌的質感，在實際品嚐中又能感到湯水貼心的滋潤，「風乍起，吹皺一池春水」，蕩漾的更多的是顧客的心情吧。

一套大董菜單，還有很多值得欣賞、研究、廣泛借鑑的地方——比如版式的設計、比如圖片和文字的位置搭配、比如照片拍攝的角度、用光和配飾、比如菜餚分類和前後布局的講究……，當然更有大董創新菜餚、抓住中國菜吸納百千而靈魂凝聚的精髓，這些都值得中國的餐飲業界認真的研究。

請您思考

1 · 服務文化的三個層次是什麼？

2 · 請根據本章的知識點重新總結歸納您所在的餐廳的服務理

念。

第七章 服務策略管理

「『優質服務』不足以與競爭對手區別開來；不足以建立牢固的客戶關係；不足以與競爭對手展開價值競爭而非價格競爭；不足以鼓舞員工，讓他們想在工作和生活中做得更好，以及保證發放正確無誤的紅利。」

——Leonard I. Berry

在前面的幾章，我們著重探討了很多服務細節方面的問題。如果說細節是服務的表象的話，那麼策略永遠是服務的根基。而對顧客來說，服務策略才是「攻心」的過程。真正的有價值的老顧客是和企業長久的服務策略聯繫在一起的。

一
服務策略的含義

服務策略是指企業在一定發展階段，以服務為核心，以顧客滿意為宗旨，使服務資源與變化的環境相匹配，實現企業長遠發展的動態體系。

服務策略體系應該具有持久性和震撼性。持久性是指服務策略體系的質量和高度；而震撼性是指這種服務策略應該給顧客帶來驚喜並且超過顧客的期望。也就是說，基於企業和這樣的一群顧客擁有著共同的看待問題的方式和角度，並且表現在服務方式上，使得彼此更加契合，從而企業真心打造符合顧客需要的價值，而顧客願意支付相應的價格。

法國雅高酒店集團在全世界擁有管理著 4000 家酒店和 17 萬員工，遍布五大洲的 90 個國家，是歐洲第一大酒店集團。

雅高的酒店從經濟型到豪華型，每個子品牌都凸顯了各自的服務策略，因而可以更好地根據每一位客人的需要提供周到的服務。雅高的服務策略是一門綜合的藝術，它融合了歷史的傳統與

現代的創新，增添了寬容、紀律、想像和熱情，從而促使服務達到一種高超的水準。

雅高著名的酒店品牌有 Ibis（宜必思）、Novotel（諾富特）、Sofitel（索菲特）等。

索菲特的服務策略是：打造成為具世界水準的酒店，追求完美。集商務與休閒為一體，為遊客們提供一流水準的環境和服務，是舒適、高雅的私人休閒場所。

諾富特的服務策略是：合乎時尚且具備國際水準及現代化設施的商務酒店，處於各城市的商務中心及旅遊勝地。

宜必思的服務策略是：以簡樸、相對的高質量服務、良好的性價比吸引顧客。酒店坐落於商務活動集中的地區及周邊地區。

二
服務策略的體系規劃

既然我們已經知道服務策略是個體系，那麼就要進行一系列的解釋和落實的工作，實質上就是服務策略的規劃。也就是說，有了策略規劃，就可以依靠體系的力量而不是某個管理或上司明星的力量去推動服務質量的整體提升。

那麼服務策略體系怎麼去規劃呢？需要遵循哪些步驟呢？我們說，服務策略的規劃需要遵循六步驟：

步驟一：對公司目前地位的分析（我們在何處？）
步驟二：確定公司的策略發展方向（我們向何處去？）
步驟三：找出並篩選替代策略（我們如何實現目標？）
步驟四：實現選定的策略（採用什麼政策、制度、方式？）
步驟五：檢查（我們是否達到了目的？）
步驟六：重新設定策略（我們新的目標是什麼？）

這六個步驟可能寫在書本上大家會覺得非常枯燥，但是任何成功的企業都是先有策略成功才有事業成功的，我們不妨透過分析我自己非常喜歡的一個品牌「綠茵閣」的案例來進行理解。

一、背景資料

在中國，西餐的發展兩極化的情況比較明顯。一極是以起士林、馬克西姆等老牌正規西餐廳和高星級酒店內新的高級西餐廳為代表的「正統派」，一極是「山寨派」，以「豪上豪」等為代表。「正統派」的西餐廳價格昂貴，西餐禮儀要求較多；「山寨派」消費低廉，但是口味混雜，似是而非。

但是，在廣州，綠茵閣連鎖咖啡廳，卻得到了許多人的喜愛，成為朋友相聚、同事交流、與客戶洽談的首選之地。綠茵閣還特別受到了情侶們的青睞，每年的情人節，儘管綠茵閣提高了價格，

增添了很多臨時座位，但還是有一對對的情侶在春寒中手執「等候卡」排隊等待，位於體育西路的一家分店的門口甚至出現過700多人排隊候位的情況，這在餐飲業異常發達、素有「食在廣州」之稱的羊城，幾乎是難以想像的。即使是餐飲業經營理念先進、管理方法成熟的香港同行，看到綠茵閣天河分店500個座位座無虛席時都連稱不可思議。

如今，綠茵閣在中國已經有很多加盟店和自營店，綠茵閣的身影遍布南昌、長沙、太原等國內大型二線城市，成為「中國餐飲企業經營業績百強企業」之一。

二、市場狀況分析

綠茵閣為什麼能夠脫穎而出？我們從以下四個方面做一些市場分析。

1．消費者分析

消費心理是最為值得研究的事情。在中國，人們選擇西餐，是因為西餐的環境雅緻，食物較為新奇，代表了一種不同的餐飲文化，並且能夠彰顯個人的消費品味。但人們對於西餐的文化感受從潛意識裡來看，僅僅在於一種感受，大部分的中國客人並不想付出改變用餐習慣的代價，最主要的問題是餐具、上菜順序、中餐和西餐的不同口味問題等等。儘管廣州也有相當一批西餐消費者是因為文化和時尚而消費西餐，但在很大一部分廣州人看來，

西餐廳與中餐廳沒有本質的不同，廣州人更注重實際，從很大程度上講，西餐在他們看來就是另一種味道的飲食。

2．消費環境分析

廣州是一個餐飲業極為發達的城市，2001 年餐飲業零售額達 239.9 億元。超過了同期北京和上海餐飲業零售額之和（同期北京為 96.6 億元，上海為 141.6 億元）。2002 年上半年，廣州餐飲業零售額為 130.18 億元，同比增長 11.3%。廣州又是一個中西方文化交融的地方，很多新產品、新觀念容易被接受和推廣。比如，第一家中國人自己的西餐廳就開在廣州。所以在改革開放後，隨著當地人們生活水平的提高，對於西餐的消費就成了順理成章的事了。

3．消費者分類

（1）外來人士。廣州是華南重要商埠，毗鄰香港，香港客人很多，而一年兩次的廣交會及其他各類活動又把世界各地的富商巨賈帶到了廣州。同時，廣州是華南的歷史文化中心，旅遊業非常發達。再次，廣州是中國的經濟中心之一，吸引了國內很多高端人士。綜合這些因素，這些人群對西餐是有一定需求的，並且具備相應的消費能力，促進了廣州西餐業的發展，也帶動了這個產業的成長。

（2）環境氛圍需求者。雖然廣州人對西餐的消費不像北京人、上海人那樣努力地學習西餐飲食文化，但對西餐廳雅緻的環境，還是有需求的。由於市場經濟的發展，人們的消費能力增強了，面對的選擇也多樣化了，西餐廳的環境既不像中餐廳那麼熱鬧，也不像速食餐廳那麼匆忙，無論是休閒還是談話都十分方便。所以，很多人都把西餐廳作為與朋友、同事，甚至客戶商談、交流、溝通的一個場所。還有些人把在西餐廳或咖啡廳當作思考、獨處或處理一些工作的場所。

（3）追求時尚者。由於廣州經濟發達，所以產生出一批追求時尚的年青消費群體。他們追求品味和個性，又不囿於固定的模式和框架，主要以年青白領和大、中學生為主。其中前者有一定消費能力，後者消費能力從總體上講比較有限，但群體規模大，對西餐的認同程度高。他們都對西餐消費造成了推動作用。這其中以情侶用餐最為主要，每年情人節時尤其明顯。

4·競爭者分析

中國較為符合西餐廳品牌形象的西餐廳主要有三類：

第一類是酒店附設的西餐廳。這類餐廳主題明確，品味具有鮮明的特色，整體豪華，消費層次高，環境優雅，食品追求正宗，或者能夠緊跟西餐發展潮流而有所創新，原料從國外空運，主廚團隊一般都是外國名廚。比如上海浦東香格里拉的翡翠36、北京香格里拉藍韻餐廳等。

第二類是高級專業西餐廳。這類餐廳特色菜餚的質量非常穩定，傳統西餐菜餚的呈現力量很強，品牌悠久，已經具有良好的口碑。餐廳環境閒適優雅，風格獨特，如北京的馬克西姆法餐廳、浮士德香水餐廳、福樓法餐廳等。

第三類是面向中端市場的餐飲新創品牌。這類餐廳在食品方面考慮到了中國消費者的口味習慣，在中西餐結合方面做了一定成功的探索，而在服務方面能夠根據中西餐結合的產品主體進行改進，如提供筷子，不再有那麼有序的整套西餐菜餚結構，比如湯、甜品，甚至主菜弱化等等。第三類餐廳的價格低於前兩類，面對的主要是對環境有特別需求者和追求時尚者，以內賓為主要消費群體。這種餐廳的代表在前綠茵閣時代，並沒有典型的、形成一定品牌覆蓋力和影響力的品牌餐廳。

三、綠茵閣咖啡廳的營銷策略

綠茵閣咖啡廳能夠在廣州餐飲業激烈的市場競爭中站穩腳跟並高速發展，首先與其在服務營銷方面的一系列策略是分不開的。

1・定位準確

綠茵閣咖啡廳的管理者在餐廳初具規模時就明確了發展方向。這與他們在創業時走過的一段彎路也有一定的關係。20世紀90年代初，位於西湖路的綠茵閣咖啡廳大獲成功，作為創業者之一的林立用賺到的錢進軍中餐，開設了惠福海鮮餐廳，由林欣接管

綠茵閣的經營。但惠福海鮮餐廳的業績平平。這時一位媒體朋友提醒他們：中餐廳已經強手如林，而西餐廳卻還沒有人稱王稱霸。林家姐弟分析後認為的確如此，不久就將海鮮餐廳結業，將全部精力集中到西餐業上來。而且，他們想的已經不僅是做好一間餐廳的問題了。他們萌發了經營一個長久品牌的想法，繼而又明確了做中國西餐行業第一品牌的目標。

但要成為一個市場的上司者，必須有相當的消費者。儘管綠茵閣在西湖路很成功，可是廣州當時消費西餐的人並不多，如何才能吸引消費者呢？為了打破人們對西餐的隔閡，「先惠人，後惠己」，降低價格，進行市場開發，讓更多的人走進西餐廳，綠茵閣採取了一個大膽的策略：定位在滿足第二、三類消費者的需求上。以中級消費者為主，兼有西餐的舒適和中餐的隨意，走中式西餐的道路。

2．產品創新

綠茵閣貼近廣州人的生活，對西餐的內容和做法進行了大膽的調整，很多廣州風味的菜式都能在這裡找到。在綠茵閣，既有咖啡也有老火湯，既有牛排也有白飯。綠茵閣在西餐改良方面做得最早，也是做得最成功的。綠茵閣開業不久，有客人提出：希望能吃到油菜，能喝到老火湯（調查顯示：雖然廣州人喜歡西餐廳的幽雅環境，但卻吃不慣正宗的西式菜餚——資料來源：《中國新聞社》網站）。綠茵閣的管理者意識到了廣州市場的消費特點，適時做出調整和改變。現在，綠茵閣推出的海鮮飯、煲仔飯、

特色炒粉等都受到了消費者的歡迎。在綠茵閣不但能品嚐到正宗西式餐廳、地道粵菜，而且，還有法國、義大利、澳洲、葡萄牙、泰國、馬來西亞等國家的特色美食可供選擇。西餐的菜式調整後更適合廣州人的口味，比如多樣的調味料的選擇，而且這些調味料都是西餐中比較適合中國人口味的，像是紅酒汁、燒汁、油醋汁、它它汁等。在一些連斟水的位置都有講究的西餐廳看來，這簡直是離經叛道，但是正是這種改變適應了中國人的潛在消費心理，於是也就擁有了龐大的消費群體。

這種改變實際體現的是一種強烈的市場導向，對綠茵閣而言它所吸引的並非是一小部分追求正宗西餐的消費者，而是更廣大的消費群體，它追求的不是正宗，而是合適。

與主體產品相配合的是在服務和環境上面的改變。首先在服務上，綠茵閣提供刀叉，但是主要以湯匙為主，適合中國人的用餐方式，而且在一些二線城市，在顧客的要求下也可以提供筷子，並且顧客不會有使用筷子吃西餐比較怪異的感覺和壓力。而在環境方面，清新的綠色取代了傳統中餐的金黃兩色，成為綠茵閣的主色調，而古銅色的壁燈和吊扇，又彰顯了中式西餐這一主題。在牆壁方面，裝飾大膽，以百鳥、整枝的花卉給人以強烈的視覺衝擊。

3‧傳播策略

綠茵閣很早就在《廣州日報》上做特約頭版，其營銷在廣州餐飲業中是走在前列的了。

不過對綠茵閣而言更重要的還是一種口碑效應。廣州人在吃的方面講求實際，但是作為開放的大都市，這裡的市民也更加成熟，願意為良好的用餐環境消費，尤其是對環境有特別需求者。而綠茵閣正是抓住了這一點，在每一家洋溢著現代氣息的分店裡，環境都獨具個性並體現潮流。漸漸的，消費者將在綠茵閣用餐的體驗傳遞給親朋好友，進而形成了口碑。在綠茵閣消費成為廣州的時尚。如果有人用搜索引擎查詢「綠茵閣」，一定會發現這三個字經常出現在一些小說、散文等文藝作品中，其實綠茵閣已經深入到了很多廣州人的生活當中，而這就是其成功的最好例證。

四、綠茵閣咖啡廳有效的內部管理策略

綠茵閣咖啡廳的成功也得益於其良好的內部管理。我個人認為，家族企業並不代表管理不善，事實上，大部分的國際性的企業，開始的時候一定都是家族企業。綠茵閣經歷了家族企業成長的蛻變，最終形成了自己的管理模式。

1．獨具慧眼的用人策略

在創業之初，綠茵閣咖啡廳的管理者就以非凡的遠見和魄力從五星級的東方賓館請來了一位有名的西餐師傅做顧問，並支付每小時 5 元的報酬，這在當時是很難得的。

2．良好的培訓

去過綠茵閣咖啡廳的人都能感受到，那裡的服務人員很慇勤，很到位，你落座後馬上就會有侍應生為你呈上菜單，為你斟滿礦泉水，杯中的水不多時，不必招呼，自然會有人來續杯。在很多企業，快速擴張中最常出現的就是人的問題，特別是服務行業，服務態度差，服務質量差，很大程度影響了消費者的情緒和連鎖經營。而綠茵閣透過培訓解決了這個棘手的問題。

3．管理者的不斷學習與創新也是綠茵閣的過人之處

綠茵閣的管理者從最初的憑感性經營到經過專業學習完成了從中小企業主到專業管理者的轉變，如其中兩位是在美國學過財務和管理的，總經理林欣也讀過北大企業家特訓班。林氏家族成員曾多次赴歐洲學習，同時還給廚師提供出國交流培訓的機會，曾幾次組織廚師隊伍到美國烹飪學院學習。這在國內同類企業中都是難能可貴的。

4‧組織結構的不斷完善

隨著企業的不斷發展和快速擴張，原來的管理模式和管理手段出現了不適應，比如餐飲業的關鍵環節——採購就曾因監管不力出現了黑洞。同時，又由於權力過於集中引起了管理混亂。有鑒於此，綠茵閣進行了組織變革，建立了由多人構成的採購中心，形成了完善的監督機制，在管理層也準備引入職業經理人，在高校畢業生中招聘員工，這些都是綠茵閣改制的有效措施。

五、點評

綠茵閣透過對經營策略的把握和有效的管理迅速成長起來，它們的經驗對餐飲企業有借鑑意義。

首先，公司對品牌的地位進行了充分的分析。創建什麼樣的產品服務體系？如何創建？創建成功的可能性因素是什麼？這是綠茵閣成功的基礎。

其次，在策略分析的基礎上，綠茵閣確定了策略發展方向。一切以顧客需求為中心，使其產品和服務更加適應市場的需要。在這種情況下，綠茵閣的管理者能夠把握這種變化的趨勢，以適宜的產品、合理的價位、舒適的環境、優質的服務贏得了廣大消費者的青睞，取得了市場上的成功。

再次，成功實現策略的方法是什麼？配合什麼樣的經營體制？連鎖經營使綠茵閣完成了一次根本性的提升，進入了品牌經營的時代。連鎖經營產生了規模效應和宣傳效應，統一的物流配送中心，帶來成本效應，使綠茵閣在特定的時間內有了發展的動力，保持著發展速度。當很多同行還沒有意識到樹立品牌的重要性時，還沒有連鎖經營的能力時，綠茵閣已經開始對消費者進行品牌形象的滲透和進行連鎖經營。使人們不知不覺地接受了它的產品和品牌，以及由此標示著的一種時尚生活。

　　第四，在體制之下仍有很多方法來配合策略實現。其中最主要的就是從策略高度制訂人才策略。綠茵閣透過多種機制，如培訓、競爭上崗等，創造了人才成長的環境，提升人才競爭的能力，使其管理水平、服務水平都具備了明顯的優勢。在綠茵閣選人、用人到留人的一系列過程中，都體現了企業整體發展的策略思想，適應了市場的變化，體現了管理創新的觀念。

　　註：本案例參考了《經濟管理》2003 年 11 月 15 日〈綠茵閣的成功經營策略〉一文，並引用了其中部分段落，作者白靜。

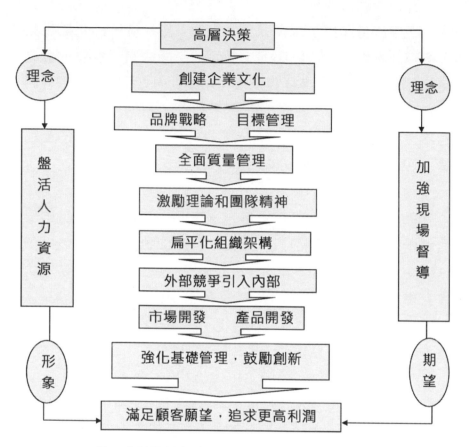

管理規劃圖〈建議〉

高層決策

理念　　　理念

創建企業文化

品牌戰略　　目標管理

全面質量管理

激勵理論和團隊精神

扁平化組織架構

外部競爭引入內部

市場開發　　產品開發

強化基礎管理，鼓勵創新

盤活人力資源　　加強現場督導

形象　　　期望

滿足顧客願望，追求更高利潤

註：本圖改編自《快樂管理》一書中的相關圖例

　　我們透過綠茵閣的案例，可以很好的理解服務策略的思想和內容，並且最終明白「全面服務質量管理」的真實含義。那麼根據這個「全面」的思想，在整個服務體系搭建方面，我們給出大家如下的建議，以圖示的形式來表述：

請您思考

1. 請闡述服務策略的深刻含義。

2. 仔細閱讀如下案例，並用服務策略規劃的知識進行分析討論：

山西太原江南餐飲集團有限公司創建於 1991 年，目前已擁有四家連鎖酒店、江南食品配送公司、江南鮮食店、佰樂食中式速食等七家公司，分別涉及酒店、餐飲、食品配送、中式速食、現代洗滌等行業，成為太原市的知名餐飲企業，首批榮獲「中華餐飲名店」稱號，企業連續三年進入「中國餐飲企業百強」行列。

目前集團旗下的餐飲企業已發展為五家——分別是開化寺江南餐廳、桃園春江南餐廳、江南美食城、江南大酒店和全晉會館。其中，開化寺江南餐廳地處商業中心腹地，經營項目以方便、快捷、低價位的上海特色小吃為主，兼顧各類炒菜；桃園春江南餐廳主要經營鄂菜及海派風味菜點，特別是早茶頭腦遠近聞名，並且可承辦各類宴會，是山西省特二級飯店，被太原市委、市政府定為公務定點接待單位；江南美食城地處太原市交通樞紐地帶，有著江南園林風格的建築布局，經營海派菜點，氛圍古樸典雅，是太原市至今保持開業以來經營長盛不衰的著名飯店，山西省特一級酒店；江南大酒店擁有餐飲、茶苑、客房、餅屋、會務接待等多項服務，營業面積 1.6 萬平方公尺，是華北地區大型的高級餐飲酒店之一；全晉會館則與山西最高學府山西大學為鄰，整體建築八層，是以餐飲為軸心打造山西文化體驗的特色餐飲國際連鎖酒店。

在 2008 年，江南餐飲集團提出了「把文化融入環境、服務以及菜餚中」的口號，以給顧客帶來餐飲享受以外更高價值的別樣體會。因此，江南餐飲集團對企業內部管理能力進行了全面的優化和提升。在強化管理團隊的同時，亦建立了完善的企業內部人才培養機制，為企業管理水平以及江南餐飲品質的不斷提升輸送源源不斷的高素質人才。在顧客服務方面，江南餐飲集團特別開通了綠色服務專線，同時，還開通了網上訂餐業務，提供網路預訂服務。

第八章 建立服務體系

　　華佗是中國古代的名醫，很多患有疑難病症的病人在他的治療下都能很快痊癒，因此，世人都讚他為「神醫」。華佗聽到這個說法後，堅辭不受。人們以為華佗是謙虛，再三請求他接受。華佗解釋說：「其實，我家中兄弟三人，我是醫術最差的一個。我大哥的醫術在於保健，一個人在他的指導下，根本就不會生病；我二哥的醫術在於提早發現，一個人的病剛剛有了苗頭，他就能辨證施治，使他病不發作；只有我，醫術不夠，當人已經生病了，我才能望聞問切，湯藥針劑的對症治療。但是就是因為這些病大家已經知道了，才覺得是我的醫術高明，其實，真正高明的大夫都是在沒有病的時候就開始治療的啊」。這就是「上醫治未病」的來歷。而對於餐飲服務來說，建立一個好的質量管理體系是有效預防服務質量問題出現的必要手段。

服務體系是大服務質量的基本條件，也是系統化的要求和體現。但是這個系統化有它的理論基礎，同時也在建立環節上體現這個理論基礎。

一
PDCA 循環法

當我們在選擇管理理論時，我們往往陷入一個失誤：就是最新的理論都是最有效的。這是因為我們有這樣的假設前提：先進的理論→其他酒店成功的經驗→為我所用→必能成功。實際上，我們仔細想想，最新的理論就一定是最有效的嗎？最流行的理論就一定是最適用的嗎？明確地說，這幾個方面是不能畫等號的。

特別提示

我們只採用最有效的理論，而不是最新的理論。

之所以產生這個問題，還有一個很不好的傾向：就是很多企業不想扎扎實實地做質量管理的系統，總是想討巧，採用一個什麼理論，使用一個什麼手段，或者聽了一個什麼金牌課程，就想把服務質量搞得優雅超脫。這怎麼可能？在管理上的投機性只會讓服務質量處於崩潰的邊緣。就拿前幾年很流行過的執行力課程來說，難道執行力是可以培訓出來的麼？可是很多企業就是跟風，不做自己的事情，結果怎麼樣？沒有執行力的企業仍然沒有執行力。

所以，我們說，服務質量的理論基礎不在於多麼時尚，而在於是否有助於切實的建立服務質量管理系統。根據這個觀點，我們認為，PDCA 循環法是有效而值得借鑑的。

「PDCA」是四個英文單詞的第一個字母的組合，這四個單詞也就代表了整個 PDCA 循環法的核心內容：

P－策劃（Plan）：根據要求和組織的方針，為提供結果建立必要的目標和過程；

D－實施（Do）：實施過程；

C－檢查（Check）：根據方針、目標和產品要求，對過程和產品進行監視和測量，並報告結果。

A－處置（Action）：採取措施，以持續改進過程業績。

而在餐飲管理的實際工作中，我們可以進一步的把 PDCA 四環節解釋為——

Plan：建立質量管理體系，而各級管理人員均有責任使下級掌握工作流程、操作標準及有關標準的知識；

Do：各級管理人員應將任務或目標分解落實到具體個人，並說明任務性質或意義、時間要求、操作過程和最終的質量標準，以及其他要求；

Check：各級管理人員有責任檢查直接下級的工作進展和執行標準的情況，負責對進行中的工作進行指導，以確保最終質量；

Action：各級管理人員必須制止不合理或錯誤的操作，對造成不良後果者給予相應處理；公平評價員工工作結果，對優秀者予以表彰或獎勵。

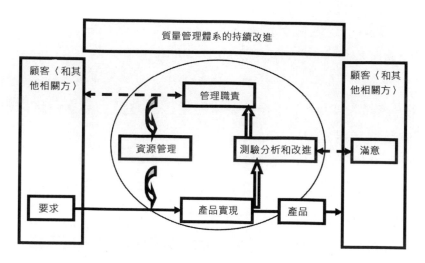

全體管理人員必須以身作則，嚴於律己，公正待人，努力完成管理工作，保證餐廳服務質量。

PDCA 理論，符合餐飲管理的實際過程，也可以使用下列圖示來表示：

而同時，PDCA 循環法又是一個螺旋上升的過程，它不能停留在原點，它是一個動態的過程。

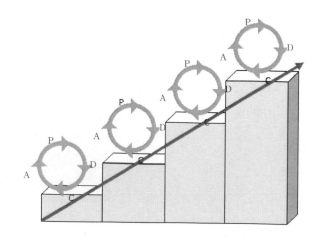

二
按照 PDCA 循環法建立服務質量控制體系

服 務 質 量 控 制 體 系

1　質量設計
　　確定顧客的想法及期望
·　明確理想的質量特點
·　確定理想的形象
2　建立服務標準
　　設計服務流程體系
·　將服務程序文字化
·　檢驗、衡量效果
·　提供「第二方案」
·　計劃空間的使用
·　選擇適當的設備

3　檢查服務是否符合標準
　　成品〈客人滿意〉檢查
·　客人投訴分析
·　懇請客人提供反饋
　　〈客人評議卡、抽樣調查〉
·　觀察服務環節的過渡
·　聘請專家檢查服務全過程
·　經營內部核對與經營統計

4　修正非標準化產品
·　即時修正，以滿足客人
·　確定原因
·　採取修正措施和方案

　　上圖是根據 PDCA 循環法搭建的一個服務質量控制體系模型。很多企業由於 PDCA 循環法比較好理解，甚至有點輕視的意思，其實，是因為它們沒有能夠把理論落實到體系實踐上。下面，我就根據這個模型，來進行較為詳細的解釋。

1·質量設計

　　質量設計是企業確定顧客的想法與期望的過程以及最終輸出表現。它需要體現出顧客對企業理想的質量特點的期望並確定理想的形象。

上海虹橋美爵大酒店坐落在虹橋區中心，由著名的法國雅高酒店管理集團經營管理。在上海酒店業激烈的市場競爭中，虹橋美爵經營業績出色，這和它提煉出的質量特點有很大的關係。虹橋美爵的宣傳語可以很好地闡釋這一點——「家的溫情，不僅僅在家裡。」

回到家的感覺是怎樣的呢？走進廚房烹飪自己喜歡的菜餚，和孩子們歡聚在一起，這些溫馨的畫面似乎很少在酒店出現。而上海虹橋美爵酒店「提供你在家裡需要的一切」，並且把這種感受變成了實在的體驗。酒店的每間客房都有一間小廚房，有一個陽臺，好像一個小小的家一樣。商旅的客人可以在陽臺上呼吸新鮮的空氣，觀賞上海的城市美景，也可以煮自己喜歡的食物。對於需要洗衣的長住客人，酒店還可以提供洗衣機。酒店還特別為帶有家眷的商務客人準備了家庭套房。一進門是一間很大的客廳，設有兩個臥室，一個臥室預備給夫婦二人，另一個臥室準備了兩張小床，可以提供給兩個孩子使用，同樣設置了兩個洗手間。這些體貼的設計讓家人既可共處一室，又保持了相對的私密性，因而受到市場的歡迎。

2·建立服務標準

建立服務標準主要就是指設計服務流程體系，包括：將服務程序文字化、明確質量水平檢驗和衡量手段、提供「第二方案」、計畫空間的使用和選擇適當的設備。這個模組裡，其實是在解決服務質量的幾個資源配合的問題。

首先說服務程序的文字化，基本上是透過「SOP」的形式來完成的。很多餐廳都有厚厚的「SOP」，為什麼沒有造成真正的效果？那麼就要問問自己：這本「SOP」是我們「自己」的嗎？還是天下文章一大抄，從所謂的管理經典、管理範本上抄過來的？

　　其次，服務程序文件化是有結構要求的。這種結構保證了「SOP」環環相扣，最大限度的被員工理解應用。下面我們透過圖示來看一下正規的「SOP」的結構：

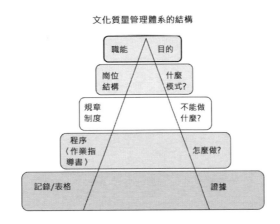

文化質量管理體系的結構

　　一本正規的「SOP」應該包括如下五個部分：

　　（1）部門職能。

　　就是說任何文字都不能窮盡我們所面臨的實際情況，因此一種描述性的、展望性的職能描述將成為在特殊情況下員工選擇服務行為的基本準則。我們不妨來看一個例子：

×××店部門職能概述

×××店是企業運營系統的重要組成部分，同時也是企業培養人才、提升菜餚質量、層次、增加利潤、提高形象的基地。

在經營管理方面，×××店的主要職能包括但不限於：

1．認真執行總經理的指示，努力完成總經理和企業管理委員會其他上司下達的各項任務，確保餐飲工作的順利進行；

2．負責制訂當店的規章制度和工作程序，使經營管理規範化、制度化、有章可循；

3．計畫與組織日常管理工作和服務接待工作，並完成企業下達的各項經濟指標和服務指標；

4．在廚師長的直接管理上司下，廚房各組成部分向顧客提供代表經營店形象的、符合顧客期望的高質量的菜餚；

5．加強市場調查，經常瞭解市場變化訊息，提供營銷訊息並協助制訂營銷方案，及時研究新的營銷策略，不斷改進菜餚和服務，努力擴大經營效果；

6．持續提高服務質量和菜餚質量，持續提升當店經營利潤及人均消費水平；

7．積極主動參加並協助企業搞好各種培訓，持續提高人員技能，成為持續發展與擴張的人才培養、後備基地，樹立精品店的形象；

8．堅決貫徹執行「食品衛生法」，監督與管理餐廳、廚房的清潔衛生工作，安全儲存和使用各種洗滌、消毒用品，保證出品的衛生安全；

9．採取措施，強化當店員工隊伍的質量意識和市場觀念，提高接待服務質量和食品質量，使之持續符合並達到質量標準的要求，合理使用能源物料，避免浪費，使原料和能耗的控制得到有效保證；

10．加強對管轄範圍內設備、設施的清潔、維護、保養和報修工作，保障設備設施完好、安全運轉；

11．持續使服務符合顧客滿意需求，使顧客投訴得到完滿解決；

12．做好餐飲成本核算及收入報表數據提供工作，使財務核算有據可依；

13．做好安全保衛工作，保證顧客和員工的人身安全、財產安全、隱私安全；

14．按照規定管理員工，保證正確的激勵員工，為員工提供正常的薪酬、培訓、福利、勞保等職業生涯發展資源。

（2）職位結構。也就是說要明確的告訴員工，企業搭建了什麼樣的組織結構來實現部門職能？是什麼樣的層級關係和直線聯繫？因此，合理的符合人事管理要求的職位結構是「SOP」的第二部分。

（3）規章制度。規章制度是底線，就是明確的告訴員工不能做什麼，如果做了就會被懲罰。

（4）操作程序。操作程序是方法，就是告訴員工什麼需要做？而且應該怎麼做？我們仍然透過一個樣例來理解：

零點服務工作程序與標準

程　序	標　準
帶位員迎賓	1.帶位員要面帶微笑接待，為賓客拉門並致以問候； 2.問清客人人數後，帶位員將賓客帶到合適的坐位，安排就座； 3.帶位人員也可根據客人的特殊要求，將客人帶到合適的餐位上用餐。
拉椅入座	當服務員見帶位員帶客人到自己的崗位時，上前問候並協助帶位員一起拉椅請客人坐下。
遞送小毛巾	服務員用毛巾夾，從每位賓客的右側送上小毛巾，並使用語言：「請用小毛巾」
遞上菜單	服務員可將菜單打開至第一頁，雙手拿著，從客人的右邊遞上菜單〈或者雙手將菜單放於轉盤向點菜客人面前〉，同時詢問客人茶水。
泡茶、倒茶	1.泡茶時注意衛生不能用手抓茶葉，應用茶勺按茶位放茶，這樣做茶量也比較準確； 2.倒茶時，右手抓壺，左手自然下垂或者放於背後背好，從賓客右側倒茶，按順時針方向依次倒茶，茶水7-8分滿為宜，不宜太滿。

撤 筷 套	筷套從主位的右側開始，按順時鐘方向進行，手拿筷子的上部，放於筷架上，注意操作時動作要輕。
點　　菜	1.站在客人右後側，距客人半步遠，身體前傾； 2.詢問客人是否可以點菜了，當好參謀； 3.問清客人的具體要求（如：口味、飲食愛好）； 4.準確填寫點菜單：桌號、人數、時間、服務員的編號，書寫清楚； 5.重複敘述訂單內容經客人確認後下菜單。
下　　單	將單子留下一聯放在顧客的餐桌上另一聯送到吧檯，動作要快，最後一聯送到傳菜組。〈註：第一聯放於吧檯，第二聯放於餐桌上，第三聯放於傳菜組〉
拿 酒 水	1.拿酒水時需使用托盤，將各種飲料、酒水按標準擺放在服務托盤內； 2.拿酒水時速度要快，準確，大約2分鐘，將賓客的所需酒水拿到賓客的餐桌前。
酒水服務	1.服務應根據賓客的要求靈活斟倒酒水，注意斟倒各種酒水時左手都須持一張乾淨的小毛巾，便於擦乾瓶口使酒液不滴在桌布上； 2.視情況在用餐服務中，服務員需使用托盤為賓客斟倒各種飲料及酒水； 3.斟倒標準紅酒1/4杯，白酒8分滿，飲料啤酒均為8分滿。
上　　菜	1.按順序上菜〈先冷後熱〉； 2.服務員上菜時，用右手將菜盤輕輕放於轉盤或者餐桌上，報菜名，介紹菜色特點，用手示意客人用餐； 3.移動餐檯上菜時需按規定擺放好各種菜色並且保持餐桌的美觀。

巡臺服務	1.即時斟倒酒水、更換盤子、菸灰缸、撤空盤； 2.當顧客吃完帶濃汁、骨殼的食物時應及時更換盤子並據情況換上小毛巾； 3.當客人菜上齊後須告知客人； 4.徵詢客人意見後，撤下客人不用的玻璃器皿及餐具； 5.詢問客人對菜色及服務意見。
上茶·上水果	1.為客人換上熱茶； 2.上水果據情況需上水果叉，叉子向上； 3.上水果時須將檯面上的餐具經客人同意後撤走，同時換上乾淨的盤子。
結帳服務	1.核對帳單要仔細，無遺漏，避免差錯； 2.將帳單正面放於買單夾，雙手打開買單夾從客人右側遞給客人再請客人過目； 3.當客人拿出餐費時應表示感謝，並且當面點清數目； 4.吧檯交款，找餘額給顧客。
送　　客	1.拉椅送客同時提醒客人帶好隨身物品； 2.使用敬語，主動幫助客人拿隨身物品； 3.主動將客人送至大門口，再次使用送別語。
收　　尾	1.關電器設備； 2.擺好椅子，再次檢查客人是否有遺留的物品； 3.整理地面衛生； 4.回收桌面物品； 5.收玻璃器皿〈先收高的，使用托盤〉； 6.收小件餐具〈如：盤子、茶杯、湯碗、湯匙〉； 7.收大件餐具； 8.撤檯； 9.動作要輕巧，不影響其他用餐客人。

（5）記錄表格。事情做了沒有？事情做得怎麼樣？僅僅口說是不行的，要有記錄，要可以被追溯，通常我們為了事項明確，以表格的形式體現。對於一個餐廳來說，下面這些表格是基本的工作記錄了：

餐廳管理附表：

1・餐廳餐具盤點表

2・用品明細表

3・客戶資料

4・人均消費日統計

5・人均消費月統計

6・用餐人數日統計表

7・用餐人數月統計表

8・工作日記本

9・帶位登記本

10・海鮮登記本

11・物品破損登記本

12・布草收發登記本

13・賓客意見本

14・案例分析本

15・小費登記本

16・菜餚退菜登記本

17・回收物料登記本

18・衛生檢查表

19·衛生自查表
20·升級考試人員登記本
21·新來人員登記本
22·過失單登記本

……

　　另外一點，就是制度性文件的冠名問題。因為文件的數量較多，涉及的領域不同，編寫文件的機構又往往是企業內部職能部門兼任而為，不可避免地出現了很多文件冠名的混亂，而這種混亂會干擾到制度的頒行，可以說，動搖了企業管理根本中的根本，因此必須透過廓清不同文件冠名之間的區別來加以有效的規範。

　　在我們編寫的制度性文件中，較常見的命名包括：××××管理制度、××××管理規定、××××管理辦法、××××工作程序、××××管理條例、××××實施細則等六種。這六種怎麼區分呢，我們分而述之：

　　第一，管理制度。管理制度是企業管理系統的基本框架，可以說是企業管理規範性文件的基本文件，用來從整體上明確企業大的流程、框架、職能等等。比如，作為餐飲企業，主業之一就是餐飲宴會接待，客人多集中活動，安全管理不容忽視，那麼制訂「餐廳安全管理制度」就是很有必要的，在這個制度裡應該規定諸如餐廳安全的領導人、管理者、主要管理範疇、安全防範方面等等。

第二，管理規定。管理規定是對某一個專項的涉及到全公司人員的事情（不是企業管理系統的必備組成要素）或某一個專業系統內的職能性工作所作出的具體要求，或職能部門對其所管轄的、企業全體人員皆會涉及到的環境、資產、工作等作出的具體要求。我們延續上面的例子來說，在「餐廳安全管理制度」之下，保全部可能會有幾個相應的配套文件，例如「餐廳消防器材配備管理規定」，其中應該涉及到餐廳消防器材的申購者、管理者、配備種類、配備數量、檢查維護事宜等等。

第三，管理辦法。管理辦法是一種比較細化的規定性文件，通常出於便於操作的目的，也是為了避免制度或者規定過於繁冗，可以在這些文件下延伸一些文件。例如，在「餐廳消防器材配備管理規定」的基礎上，為了便於規定的執行，可以編寫「關於餐廳義務消防員的日常檢查管理辦法」，裡面應規範餐廳義務消防員的比例、檢查頻率、檢查手段、記錄、複檢、上報等等，以使餐廳消防安全落到實處。

第四，工作程序。工作程序是一種細化的操作步驟，是帶有培訓性質的文件，同時也是為了完成管理制度、管理規定或管理辦法。既然是程序，除了有先後的環環相扣的操作步驟之外，還要明確完成的標準。如果沒有標準，這程序也就沒有意義了。比如，在「餐廳滅火器檢查工作程序」裡，應該規定數量檢查、質量檢查、分布方位檢查、人員使用檢查等等的步驟，還要規定多少數量為合格，滅火器容量壓力指示表、瓶體的標準外觀是什麼，人員抽檢的比例多少為基數，合格率多少為標準等等。

第五，管理條例。對於企業內部局部性的、或階段性的、不屬於一個系統的相關方面的工作所作出的系列化規定。例如企業的「員工工會組織管理條例」。

第六，實施細則。對於企業管理系統內某一項管理制度的具體實施步驟所作出的具體規定。我個人認為通常可以把管理制度分解為若干管理規定來細化執行，如果是實施細則的話通常是事項比較龐大、難於在不同個體之間詳細規定的時候來使用。比如「×××分店關於財務管理的實施細則」。

從總的方面來說，我個人建議：

第一，制度性文件的冠名不要過多。儘量限於制度、規定、程序即可。

第二，制度性文件的不同冠名間應該形成層級關係。這樣的話，什麼級別掌握到哪一層級文件，便於企業的操作；而在實際工作中，一級文件找不到相應制度，再去上一級文件尋找，也有利於減少文件的廢置率。

第三，制度性文件的不同冠名間應該形成網絡聯繫。一個制度下面的規定是什麼，為了完成這些規定有什麼方法，相應的程序是什麼，就能夠環環相扣起來。當管理文件形成網絡以後，執行才有力度和深度。

第四，儘量簡化文件。發布文件的目的不是為了寫一大堆文件，而是保持管理活動的一致性，如果只靠制度就能完成這個目的的，就不要後續文件，後續文件的目的是為了更好地完成制度。儘量簡化文件，才能夠很好地執行。

總之，規範制度性文件的冠名，才能夠讓文件法理完備，員工有章可循，企業運轉條理分明，這是制度管理的基礎。

接下來我們重點強調的是「第二方案」。我們在服務過程中面臨的不是一成不變的條件，但是條件變動，我們的質量不能波動，因此，我們要做好事先準備，通常以預案的形式體現。我們透過一個餐廳的「應急事件處理程序與標準」來加以理解：

應急事件處理程序標準

事　件	標　　準
停　電	1.馬上向客人致歉並安撫客人； 2.打開應急照明設備或馬上將事先準備好的蠟燭點燃； 3.及時通知經理和維修工，馬上進行檢查並問清原因，確認恢復正常需要的時間； 4.向客人解釋原因並說明需要維修的時間； 5.通知各部門，全部關閉電源，以防來電時電源不穩將電氣燒壞； 6.嚴禁非專業人員私自拆卸電源設備，以防觸電； 7.恢復後，由經理向客人再次道歉。
停　水	1.分突然停水和預先通知停水； 2.突然停水立即通知主管； 3.工程人員應急立即確認是內部故障停水還是外部停水。若係內部故障停水，應立即派人查找原因，採取措施防止故障擴大；若是外部停水，一方面要防止突然來水引發事故，一方面致電供水公司查詢停水情況，瞭解何時恢復供水，並將瞭解的情況通知前廳和廚房； 　無論是突然停水還是預先通知停水，我們都要做好以下工作； 4.通知各部門停水訊息，做好節約用水工作； 5.保證儲水的衛生、安全工作，要求專人專點負責，為防止汙染措施，用蓋子將儲水器蓋好； 6.在公共用水區（衛生間）擺好用具，並及時沖洗保持衛生清潔。
停　氣	1.獲取停氣訊息並立即通知主管； 2.確認停氣時間及事由； 3.通知各部門做好準備工作； 4.如遇上客期間停氣，負責人向客人道歉，並說明事由； 5.如遇餐前停氣，應做好準備； 6.告訴前來用餐客人，停氣的時間並向其道歉。

火　警	1.發現火情人員立即判斷是否自救報火警，報告駐店總經理； 2.駐店總經理即刻前往查看火情； 3.無論實施自救還是打119消防，務必迅速行動，不得拖延； 4.立刻向董事長和總經理報告； 5.按照保安制定的消防控制預案進行處理。
盜竊案件	1.發現案情員工立刻向駐店總經理報告； 2.駐店總經理即刻到達現場，控制局面，並向董事長和總經理報告； 3.督導保安人員保護現場，並向報案人〈顧客〉了解案發時間〈發現時間〉、經過及可疑的人員和情況； 4.根據總經理的指示，督導保安人員配合警察到店破案，並提供必要的工作條件； 5.督導各管理人員注意保密，防止消息擴散，盡量不驚動其他客人
醫療事故急救	1.對異常客人及時監控，並即刻向駐店總經理報告； 2.駐店總經理在第一時間應予以確認，視情況指揮急救，並向董事長和總經理報告； 3.心臟病、高血壓突發事例如出現客人昏厥或摔倒，不能因為不雅觀而把客人抬起來，而是讓出一個位子觀察客人病情，在客人身下鋪墊一些椅墊或柔軟的織物； 4.有些客人進餐廳後離開餐廳之前突然有腸胃不好的感覺，也可能是因為用餐食物的不衛生引起的。服務員應及時通知當店經理，可幫助客人去洗手間或清掃嘔吐物，但服務員不要清理餐桌，要保留客人食用過的食品以被化驗，分析客人發病原因，以分清責任。 5.駐店總經理需立刻判斷是否需要聯繫急救中心，如果較嚴重，即刻聯繫； 6.駐店總經理安排值班經理以上級別人員親自護送客人到急救中心如果客人有同來用餐者，請求其共同前往； 7.突然發病顧客離店時盡量避免驚動其他顧客； 8.視顧客病情，徵求顧客或其同來顧客的意見，確定是否與突然發病顧客的親朋好友聯繫，並盡可能滿足顧客的合理要求。

湯汁灑在客人身上	1. 誠懇向客人表示歉意，表明是自己工作粗心所致； 2. 及時用濕毛巾為客人擦拭，動作要輕重恰當； 3. 根據客人的態度和衣服被弄髒的程度，主動提出為客人免費洗滌的建議，但必須向領班級以上彙報； 4. 當客人衣服弄髒的程度較輕時，經擦拭後基本乾淨，餐廳經理應為客人免費提供一些食品，如新菜、小吃，以示對客人的補償； 5. 若是由於客人的粗心大意衣服上灑上了湯汁，服務員也要迅速到場，主動為客人擦拭，同時安慰客人。若湯汁灑在客人的臺布上，服務員應迅速清理並用餐巾墊在臺布上或重新換上臺布請客人繼續用餐，不應不理睬。
存檔備案	將應急事件具體經過詳細編製書面報告，報告集團總經理並在當店存檔備案。

3．檢查服務是否符合標準

這一點主要是指成品（客人滿意）檢查。對於顧客滿意調查的問題，我們透過程序範例來進行理解：

「客人滿意度調查表」的分發與回收

程　序	標　準
企劃部為經營店提供調查表	1. 企劃部於每月第一天和第十六天分兩次將「客人滿意度調查表」送至各店行銷員手中，並請其簽字確認； 2. 各經營店調查表的分發份數為餐台數的 2 倍。
分析調查表	1. 各經營店行銷員具體負責分發調查表，可透過經理協調相關人員共同分發； 2. 分發調查表按抽樣方式進行，即： 　分發份數＝預抵雅間桌數÷預計分發份數，或 　分發份數＝已達散客桌數÷（2 至 10 間任何一自然數） 3. 分發視情況而定，可於餐前、餐中、餐後； 4. 各店經理有權決定分發天數，但每次應至少分四天發放（建議分發日包括每週最繁忙經營日和相對平淡經營日）；

分發調查表	5.分發時務必使用禮貌用語，（具體詳見人力資源部培訓資料）並感謝客人的相助； 6. 視情況而定，可請客人當時填寫，也可尊重客人意見，於用餐完畢填寫； 7. 分發後請服務員協助回收調查表。
回收與上交	1. 店經理負責調查表的有效性和真實性； 2. 各服務員均有責任協助行銷員回收調查表； 3. 每月15 日和30 日將回收的調查表封存； 4. 回收份數不得少於分發總份數的10%； 5. 每月1 日和16 日企劃部到店內送新調查表時，同時完成回收工作。

「客人滿意度調查表」的匯總、分析和回饋

程　序	標　準
匯　總	1. 各分店請於每月1 日以及16 日將上期收集的客人滿意度調查問卷交與企劃部行銷主任； 2. 匯總時行銷主任和店內行銷員共同檢查問卷的有效性並校對實際數量。
分　析	1.調查表收齊至總部的5 個工作日之內，企劃部統計出各店客人滿意指數，包括各店的食品品質滿意度、服務滿意度、用餐環境滿意度、物有所值感受等； 2. 滿意度分析按加權平均法計算指數，即：5× 得5 分份數+4× 得4 分份數+3× 得3 分份數+2× 得2 分份數+1× 得1 分份數/ 總份數； 3. 分析報告除各店指數匯總外，還要詳細匯總各店客人建議，並提煉出各店客人建議的共同項，以利於基於客人感受而進行的品質改進工作； 4. 分析報告還要包括同比指數及與上一週期比較（環比）的上升、下降比例； 5. 每6 個週期分析一次季度參照指數和浮動標準區間。

程　序	標　準
反　　饋	企劃部負責將「客人滿意度調查表」分析結果反饋至相關人員： 1.營銷主任於下次分送調查表時，與經營店經理和店內營銷員召開小組會議，協同找出指數變化原因，確認須堅持的優質項目和需改進的不達標項目； 2.營銷主任可將其他店糾正措施與當店交流以幫助其確定改進計劃； 3.根據管理委員會決定，將訊息反饋至營運部、廚政部、人力資源部； 4.企劃部經理將每週期的分析報告呈交企管總監審核，並於週例會時宣講給參會人員。

除此之外，我們還要進行大量的客戶拜訪工作，以便更為直觀地收集第一手的顧客需求訊息，請看如下程序範例：

客戶拜訪程序與標準

程　序	標　準
走訪前的準備工作	1.透過相關的途徑，有目標的收集客戶訊息； 2.透過電話進行客戶的初次拜訪，了解與我方目的性有關係的訊息； 3.準備公司全面的簡介、飯菜、外賣菜單以及公司針對各目標市場的營銷宣傳材料等； 4.與準備走訪的客戶電話預約時間。
對客戶進行登門拜訪	1.透過與客戶方主要負責人的接洽，宣傳我方的總體形象與公司實力； 2.提出具體向客戶推薦的服務項目； 3.收集客戶方的意見和相關訊息； 4.透過與客戶的交流，對客戶進行動態調查。
拜訪後的總結和後續相關工作	1.匯總收集到客戶訊息並進行相關分析； 2.針對客戶的具體要求，對新推薦產品進行細化或相應調整； 3.對客戶進行電話追訪，就修改後的產品徵求客戶意見以期達成合作。

4‧修正非標準化產品

對於任何低於服務標準的服務，我們都應該即刻修正，以滿足客人的現時需求。在這之後，更重要的是分析和確定問題產生的原因，確定修正措施和方案，以避免下次再犯同樣的錯誤。我們來看一個規範的「糾正和預防措施控制程序」：

糾正和預防措施控制程序

1.0 目的及適用範圍

1.1. 目的

本程序規定了採取糾正措施和預防措施的控制要求，目的在於消除已發生不合格活動及產生的原因，防止不合格活動的重複發生；及時消除經營活動和管理活動中潛在的不合格因素，防止不合格活動的發生，進而確保質量管理體系不斷改進。

1.2. 適用範圍

本程序適用於 ××× 集團（以下簡稱集團）在經營活動和管理活動中，為了消除已發生的不合格活動的原因或可能發生不合格活動的潛在原因，而需採取糾正或預防措施的活動。

2.0 術語及略語

2.1. ISO9000：2000 術語適用於本文件。

2.2. 糾正措施：為消除已發生的不合格或其他不期望發生情況的原因所採取的措施。

2.3. 預防措施：為消除潛在的不合格或其他潛在不期望發生情況的原因所採取的措施。

3.0 職責

3.1. 主管職責

督導部負責督導、檢查糾正和預防措施控制程序的落實工作，負責組織對涉及各個經營店和部門的不合格活動發生原因的分析，制訂糾正或預防措施，督促和協調各經營店或各部門執行，並進行追蹤驗證。同時負責對各經營店或部門採取預防措施的有關訊息提交體系評審。

3.2. 相關職責

3.2.1. 責任經營店或部門經理負責當店或本部門已發生或可能發生不合格服務的原因分析，採取糾正或預防措施並執行。

3.2.2. 各經營店或部門經理負責組織制訂當店或本部門糾正或預防措施，並組織實施和監督檢查及驗證。

3.3. 監督職能
主管副總經理兼運營督導總監協助總經理負責糾正或預防措施的批准。監督控制「糾正、預防措施控制程序」的正常運行。

4.0 糾正和預防措施流程圖

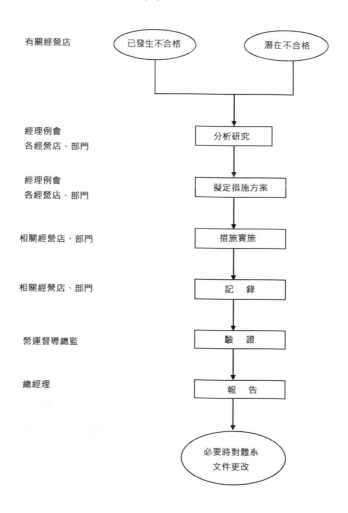

有關經營店

已發生不合格　　　潛在不合格

經理例會
各經營店、部門　　　　　分析研究

經理例會
各經營店、部門　　　　　擬定措施方案

相關經營店、部門　　　　措施實施

相關經營店、部門　　　　記　　錄

營運督導總監　　　　　　驗　　證

總經理　　　　　　　　　報　　告

必要時對體系
文件更改

5.0 糾正和預防措施控制要求

5.1. 糾正措施

5.1.1. 糾正措施制訂

5.1.1.1. 督導部根據對服務質量的抽查、顧客投訴、不合格報告、法律、法規的符合情況，目標、指標管理方案未得到實施項，政府管理部門的檢查等發現的各種質量問題，研究是否必須採取糾正措施，當同樣一個「一般不合格」連續發生三次以上時，出現「嚴重不合格」、「重大質量事故」及顧客的重大投訴等情況，都應制訂糾正措施，防止再發生。

5.1.1.2. 定期（每月）召開各經營店和部門經理擴大會議，針對已發生的「嚴重不合格」進行綜合分析研究，確定不合格產生的原因，判斷其給集團造成的損失和危害，評價是否需要採取糾正措施。

5.1.2. 調查分析不合格產生的原因

需要制訂糾正措施方案時，使用「糾正／預防措施記錄表」，將不合格事實填寫在「糾正／預防措施記錄表」的「不合格／潛在不合格事實的描述」欄中，由發生「不合格」的責任經營店或部門組織有關人員進行調查，分析出現「不合格」的原因，將「不合格」原因整理後，填寫在「原因分析」欄中。

5.1.3. 制訂糾正措施

由責任經營店或部門針對不合格產生的原因，提出糾正措施和完成期限、執行人等，填寫「糾正／預防措施記錄表」。經當店或本部門經理審批後成為糾正措施計畫，重大質量問題及投訴的糾正措施須經主管副總經理兼運營督導總監審批，成為糾正措施計畫，並確保不合格不再發生。

5.1.4. 糾正措施的實施與驗證

5.1.4.1. 責任經營店或部門應按糾正措施計畫認真組織實施，實施情況記錄在「糾正／預防措施記錄表」中，並由當店或本部門經理組織有關人員對糾正措施實施的有效性進行檢查，追蹤驗證，達到計畫要求後，將結果記在「糾正／預防措施記錄表」驗證欄中，並由驗證人簽字。

5.1.4.2. 責任經營店或部門應記錄糾正措施的執行情況及結果，並報告運營督導總監。運營督導總監應對糾正措施的執行情況及其效果進行驗證，並將驗證情況報告總經理。

5.2. 預防措施

5.2.1. 預防措施的制訂

5.2.1.1. 各經營店或部門根據各種訊息來源，分析潛在的不合格產生的原因，主要訊息來源有：服務報告、「顧客意見反饋表」、

投訴記錄、監測和測量、日常管理方案未得到實施項、日常檢查、各種質量記錄，對上述各種訊息來源進行整理、分門別類歸納總結。在此基礎上，分析潛在不合格的原因，並填寫「糾正／預防措施記錄表」。

5.2.1.2. 每月召開各經營店經理擴大會議，針對有可能影響集團管理、經營質量的潛在問題進行分析研究，確定潛在問題的原因，判斷其可能給集團造成的損失和危害，評價是否需要採取預防措施。

5.2.2. 採取預防措施，並實施控制，確保其有效性。各經營店或部門在對來自各方面的訊息進行分析原因的基礎上，針對需要採取預防措施的，制訂當店或本部門的預防措施，制訂人填寫「糾正／預防措施記錄表」，經主管副總經理兼運營督導總監審批實施，並將「糾正／預防措施記錄表」交督導部備案。

5.2.3. 運營督導總監組織對管理體系運行中潛在的不合格採取的預防措施實施進行檢查，驗證其有效性；各經營店或部門經理組織當店或本部門有關人員對當店或本部門制訂的預防措施情況進行檢查，驗證其有效性，驗證人將結果填寫在「糾正／預防措施記錄表」中並簽字，並將執行情況及後果報運營督導總監。運營督導總監應對預防措施的執行情況及其效果進行驗證，並將驗證情況報總經理。

5.3. 糾正或預防措施應與已發生的不合格或潛在問題的影響程度相適應。

5.4. 糾正或預防措施的記錄按「記錄控制程序」執行。

5.5. 若糾正或預防措施的採取導致質量管理體系文件的更改，文件更改則按「文件控制程序」執行。

6.0 相關文件

6.1.「文件控制程序」

6.2.「記錄控制程序」

7.0 記錄和表格

7.1.「糾正／預防措施記錄表」

三
員工行為質量控制體系

有了企業的服務質量控制體系，與之相對應的，是「員工行為質量控制體系」。我們來看下圖，以瞭解這個體系的模型：

員工行為質量控制體系

1　設計質量標準
　　確定顧客的需求及期望
・　確定員工行為準測
・　限定行為內容，確定理想形象

2　設計行為標準
　　組織設計
・　招工標準
・　領導方式
・　培訓內容：
→　技能培訓
→　溝通技能
→　處理疑難問題技巧

3　檢查員工行為是否符合標準
　　成品檢查
・　客人意見反饋分析
・　客人評議卡
・　觀察服務環節的過渡
・　檢查服務全過程
・　經營統計

4　修正非標準化產品
・　即刻修正，以滿足客人
・　確定原因
・　採取修正措施和方案

這個模型裡也是一樣的，對員工的行為按照 PDCA 循環法的模式進行了規範。因為這個模型整體比較好理解，我就不再贅述了，只是針對培訓這個重點透過制度範例來幫助大家更好的應用：

一、員工培訓制度

1．人力資源部負責集團全體員工培訓工作的總體計畫安排，原則上，經營店經理和值班經理級人員每年被培訓課時不少於 80 小時；領班級不少於 60 小時；組長和員工級不少於 40 小時。

2．各經營店和部門經理應根據職位職責要求，定期對人員的經驗、資格、能力進行評價，看其是否具備了從事本職工作所必需的技能和資格，並根據各項實際工作對人員素質、技能的需求，每半年提出對當店或部門人員知識培訓的需求，填寫「培訓需求表」，報人力資源部。

3．人力資源部根據各經營店或部門的員工培訓需求和實際情況，每半年制訂出「半年度培訓計畫」，報人力資源總監審核、總經理批准後執行。

4．人力資源部以及各經營店和部門根據「半年度培訓計畫」，按期組織實施培訓，並將培訓情況予以記錄。

5．每項培訓結束時，可由承擔培訓的授課訓導師舉行考試或考核，並將培訓結果評估交人力資源部歸檔案保存。

6．培訓的人員範圍及內容

（1）新員工上崗培訓

① 集團基礎教育：包括迎新演說、集團發展史、客我關係、客人滿意標準、「員工日常管理規定」及相關管理規定，在入職時期由人力資源部組織進行；

② 部門基礎教育：學習本部門或經營店「SOP」的主要內容，由所在經營店或部門經理組織進行；

③ 職位技能培訓：根據新員工的實際情況，由所在經營店或部門的經理對其進行上崗前職位技能的培訓和考核。

（2）質量管理體系知識的培訓

人力資源部定期組織不同層次的員工，結合集團質量管理體系的實際運行情況，學習 ISO9001：2000 意識與標準，以便全體員工充分瞭解集團現行的質量管理體系。

（3）員工的再提高培訓

各經營店或部門要隨時關注顧客滿意度調查結果以及實際工作情況，每季度對員工進行一次技能考核，看其是否具備了從事本職工作所必需的技能和資格，對不稱職的員工，應安排進行再培訓，考試或考核合格後方能再上崗。

（4）管理人員培訓

人力資源部具體組織各級管理人員的培訓。管理人員的培訓計畫應呈報人力資源總監審批。管理人員的培訓內容範圍主要是各類管理知識的應用，原則上到總部參加培訓。

（5）特殊職位人員資格要求及培訓

由人力資源部會同相關部門根據集團的具體情況，制訂特殊職位人員資格要求，報總經理批准。人力資源部按特殊職位人員資格要求安排有關人員進行培訓。

特殊職位人員在上崗前，由人力資源部會同相關部門按特殊職位人員資格要求對其予以資格確認，合格後方可上崗。

（6）訓導師的培訓

人力資源部組織建立訓導師隊伍。各經營店和部門經理應推薦本經營店或部門適宜的管理層人員為訓導師，人員在 30 人以下者訓導師為 1 名，30 人以上者為 2 ～ 4 名。人力資源部應對經營店和部門訓導師的資格進行確認，並進行業務指導，部門訓導師享有優先被培訓權。

7．由於工作需要必須補充的培訓工作，由各相關經營店或部門填寫「培訓需求表」，報人力資源部，人力資源部編制「補充培訓計畫」，經批准後實施。

8．人力資源部要經常對各經營店和部門的培訓工作進行幫助、檢查、監督，追蹤完成情況。

二、員工培訓的暫行規定

1．新員工的培訓

（1）由人力資源部協調相關部門彙編統一素質培訓教材。

（2）新員工從入店到上崗，必須經過入店培訓、崗前專業技能培訓、職位見習培訓等三項基本培訓，但視情況可以後補。

（3）新員工正式上崗前應經過考核，確認其能力或潛質。

2．員工的培訓

（1）培訓師資：以集團內部訓導師為主，也可外請專業技能人員或專業技術管理人員。

（2）培訓內容：針對不同管理級別，分為經營管理知識、客人投訴、店規店紀、銷售政策以及其他新發布政策等專題，進行培訓。

3‧培訓考核的原則與方式

（1）培訓考核的原則

1. 全面全程性的原則：就是對員工培訓活動涉及的所有因素要進行全面的、全過程的考核，包括出勤、課堂表現、理論等方面的考核。

2. 定性定量結合的原則：儘可能制訂量化的考核標準，使得考核結果更具科學性。

（2）培訓考核的方式

1. 認真做好培訓期間的考勤工作，培訓期間的考勤方式與上班時間相同。

2. 透過口試、筆試、實操、案例分析測驗及觀察等方式進行考核評估，並記入員工檔案，做為員工晉陞、調職的依據。

4 · 此暫行規定解釋權在集團人力資源部。

附表：

員工培訓需求申請表

申請部門		申請崗位		申請人員	
申請原因：					
申請內容：					
部門經理意見					
人力資源部經理意見					
總經理批示					

請您思考

1．PDCA 循環法的內容是什麼？我們在服務業中如何運用？

2．您所在的餐廳的督導是如何進行的？落實情況如何？有什麼地方可以改進？

_____

_____

_____

_____

_____

_____

_____

_____

_____

_____

_____

_____

_____

_____

第九章 投訴處理與督導體系的建立

迪士尼的服務境界

在迪士尼，任何一名主管離開辦公室前往遊樂場之前，他們一定會把當天的節目表再瀏覽一次，從而確保萬一有遊客前來問及某某活動將在何時何地舉行，可以對答如流，而非答「請你去問服務人員」。

為了強化高級主管的「服務意識」，迪士尼每年都會安排一週左右的時間，將高層主管們「下放」到第一線直接去面對顧客，服務顧客，以免因其位高權重，而失去了對顧客的敏感度。

你不可以要求一個一分鐘前才剛被你痛斥一頓的員工，在後一分鐘，就馬上對顧客展現親切的笑容，並耐心地為顧客提供良好的服務。所以，要顧客滿意首先應該創造良好的工作環境。這是迪士尼的法則之一。

一
顧客為什麼會不滿？

顧客為什麼會不滿？在今日，不排除部分顧客由於素質低下而發生惡意投訴。這和中國綿延的服務認知觀念有關。在國外，由於「以服務為自豪」的觀念盛行，因此，當一個白髮蒼蒼的服務人員出現在顧客面前時，他不僅不會自卑，反而因為自己年紀這麼大了還能為別人服務而感到高興。而在中國，因為「服務就是奴役」的舊觀念在今日也沒有完全消失，因此，服務人員和顧客的不對等性就比較明顯。

在存在這種不對等性的前提下，一旦發生服務失誤，就很難控制後果的大小。儘管如此，一名訓練有素的服務人員，在投訴處理時遵循一定的方法和原則仍會有較好的結果。當然，解決的前提是，我們知道從哪些方面分析顧客為什麼不滿。

顧客抱怨或者投訴的原因在理論上來說，通常包括如下五個大的方面（見下頁圖）：

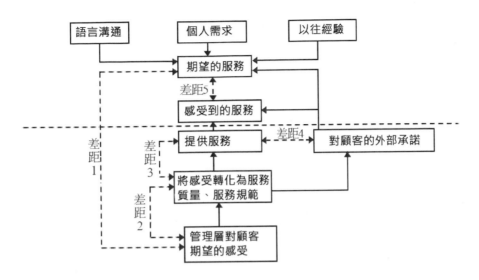

這張圖提示我們因為五大差距可能導致顧客期望的服務與實際得到的不符合。我們具體來加以說明。

首先的一個差距是管理層對顧客的期望的感受和顧客本身的感受不同。例如北京曾經知名的一家監獄主題餐廳，雖然老闆把監獄氛圍營造得很好，可是在偶爾的新鮮感之後，就變得無人光顧，這和對中國顧客的心理承受能力誤判有著直接關係。

第二個差距是把顧客的期望認知轉化為服務規範時的差距。例如，老闆已經發現了顧客需求和服務問題之所在，在各種會議上強調但是卻不能落實，那麼這類型的問題就會反覆發生，直至產生顧客投訴。

第三個差距是服務規範和提供服務之間的差距。有了好的服務規範，透過什麼方法讓全體員工掌握並且用對時候，就是一個

大難題了。例如很多企業搬出厚厚一本「SOP」，津津樂道於編寫的辛苦，可是現場一看，究竟使用了多少，基本上是手冊、實際「兩張皮」。

第四個差距是提供的服務與外部承諾間的差距。外部承諾就是各種宣傳廣告。例如一家家常水準的餐廳，卻要宣傳什麼「帝王尊貴享受」，就容易產生顧客與餐廳的期望不統一，從而產生投訴。

最後一個差距來源於顧客感受到的服務和期望的服務之間的差異。我們透過一個小笑話來說明。內陸省市的一個代表團下榻香港五星級酒店，團員大多是第一次到南方的老闆，吃飯的時候，雖然珍饈在前，可是沒有饅頭提供，所以回到北方之後，有人問起香港如何，大多數人回答道：「不好，連饅頭都沒有，沒什麼吃的」。由此可見，企業所看到的世界和顧客所看到的世界永遠都是不同的。

而在具體原因方面，顧客抱怨或者投訴的產生，又有很多：

● 排了很長的隊後，服務生告訴他沒有拿號不算；
● 一個服務生告訴顧客應該往東的時候，另一個服務生告訴他要往西；
● 服務生一邊嚼著口香糖，一邊回答問題；
● 顧客剛剛遭遇了挫折，而服務生恰好在顧客最生氣的時候碰上了顧客；

● 顧客覺得你對他的態度不好；

● 服務生對顧客做了某種承諾沒有兌現；

● 顧客做事情不正確時遭到了嘲弄；

● 顧客只是心情不好，想找個倒霉鬼出出氣；

● 顧客對服務生的髮型、穿著、語氣、舉止等看不順眼；

● 顧客所得到的和他預期的不相符；

● 顧客覺得服務生的素質不夠高，沒有能夠及時、準確地處理好他的問題；

……

那麼，面對如此多的問題，我們應該怎麼辦呢？

二
如何平息顧客的不滿？

當顧客對於他們信賴而又抱著高期待的商家產生不滿與憤怒時，就會很容易地將之表面化，也就是直截了當地抱怨。在這個時候，每一個從業者都應該將抱怨視之為信賴。我們的總原則是站在顧客的立場上來看待問題。首先我們應該弄清的是，不滿的顧客他需要什麼？

其次，我們要用簡短而真誠的移情作用的表達方式，使不易相處的人平靜下來。如：

不滿的顧客想要什麼？

- 得到認真的對待。
  - 「絕對不可能的」 （✕）
  - 專注、自信、認真地答覆他關心的問題 （✓）
- 得到尊重。
  - 恩賜或傲慢的態度。 （✕）
  - 尊重顧客以及重視顧客關心的問題 （✓）
- 立即採取行動。
- 賠償或補償。
- 讓某人得到懲罰。
- 消除問題不讓它再次發生。
- 讓別人聽取自己的意見。

- 我能明白你為什麼覺得那樣；
- 我明白你的意思；
- 那一定非常難過；
- 我理解那一定使人心灰意冷；
- 我對此感到非常遺憾。

除此之外，我們要掌握投訴處理六步驟的工作方法，從而有效地解決顧客投訴。下面，我們分步驟來進行講解。

第一，讓顧客發洩。當顧客不滿時，他一定是心煩意亂，這時他只想做兩件事：第一，想表達他的感情；第二，想使他的問題得以解決。只有在客戶發洩完畢後，他們才會聽你要說的話。所以，儘可能地在顧客表達時我們要閉口不言，保持沉默，勿打斷對方；同時要仔細聆聽，控制自己超越情感束縛，把注意力轉

移到事實上；此外還要給顧客積極的回饋，讓顧客知道你在聽他們說，不斷點頭，不時地說「嗯、啊」，並且和顧客保持低調的眼神交流。

但是有時，一個激動投訴的顧客會給餐廳帶來很大的影響，尤其是對於其他的正在用餐的顧客。這個時候，我們應該巧妙地控制顧客，請看如下的例子：

小李是「帝皇居」大餐廳的前廳經理，今天餐廳的一切都很讓她滿意。突然，一陣吵鬧聲傳來。小李快步尋聲而去，原來是服務生不小心把湯汁潑灑在顧客的手機上，雖然一個勁的道歉，但是顧客就是不依不饒，大聲的吵鬧，而旁邊幾桌客人都皺起了眉頭，顯然沒有了用餐的胃口。小李平靜了一下心情，走上前去，自信地對顧客說：「小姐，我是前廳經理，請您相信我能為您圓滿地解決問題。中國有句老話：『氣大傷身』，您消消氣，身體要緊。要不這樣，餐後到我的辦公室我們一起商量個解決辦法，您看可以嗎？」聽到小李這樣入情入理的話語，顧客平靜了下來。

第二，充分的道歉，讓顧客知道你已經瞭解了他的問題。一個負責任的企業，敢於面對顧客問題。真誠的道歉，是解決問題的先期條件。說句「對不起」，有的時候會讓暴風雨變成和風細雨。但是請注意我的用詞，道歉並非主動承認錯誤！我們是針對顧客的心情道歉，而並非在事實不清的前提下，隨便的承擔責任。要知道，隨便的道歉讓麥當勞曾經付出幾百萬的代價。事情的經過是這樣的，因為顧客自己打翻咖啡杯導致大腿燙傷，但是麥當

勞的一名員工說了「對不起，都是我們的錯」，法庭採信了證詞，並且根據有罪推斷認為：如果不是餐廳的責任，就不會主動承認錯誤，所以，既然主動承認錯誤，那麼就是餐廳的責任。所以，當我們道歉時，通常的用語是：「因為這樣的事，讓您用餐不愉快，我們深感歉意。」

第三，收集訊息。我們要儘可能多的收集訊息，以使餐廳更明確地瞭解顧客意圖。通常我們採取提問的方法。透過提問，我們可以獲取被顧客省略或忘了告訴我們的訊息，搞清楚顧客到底是要什麼？這些問題通常包括：（1）瞭解身份的問題。例如：請問您是......？（2）描述性問題。例如，請您把事情經過講述一遍，好嗎？（3）澄清性問題。例如，您覺得應該賠付多少？（4）有答案可選的問題。例如，您看見門是開著還是關著？（5）結果問題。例如，我重新給您製作一份菜點如何？（6）詢問其他要求的問題。例如，還有需要幫忙的嗎？

提問時要注意一些問題，首先是要學會使用「因為」。我們要避免讓顧客覺得是一種審問，但是我們又需要足夠的訊息，因此解釋每個問題的必要性是很重要的。所以，提問的時候要說，因為關係到一個重要細節，所以我們想問......；其次是一定要問足夠的問題。否則的話，當雙方就解決方案談判時，餐廳就失去了很多籌碼。最後是要時刻傾聽顧客的回答。尤其是顧客回答中的語言矛盾，這些都可能是得到一個有利於餐廳解決方案的前提。

第四，給出一個解決的方法。餐廳通常的解決方法包括：（1）重新服務；（2）更換菜餚、用具；（3）替代方案。無論如何，我們認為好的做法是：餐廳要首先提出一個方案，並且向顧客說明這個方案的好處。需要注意的是：（1）要使用建議的口吻；（2）絕對不要引用先例，這樣只會更加激怒顧客，從而使他的要價越來越高；（3）避免讓顧客覺得餐廳在想方設法用其他的東西替代顧客要求的東西；（4）避免讓顧客覺得餐廳在要求顧客從你的角度看問題。

第五，如果顧客仍不滿意，問問他的意見。抱怨的顧客不是要你處理問題，而是要你解決問題，所以對於你的處理方案，他不一定覺得是最好的解決方法。這時你一定要問顧客他希望問題如何解決，如：「您希望我們怎麼做？」如果顧客的要求可以接受，那就要迅速愉快地完成。當然，在這個步驟中我們也要注意避免一些問題，如：（1）立即就給出最大的讓步，那會讓顧客覺得他吃虧了，從而提出更多額外的要求；（2）暗示顧客的要求是沒有道理的；（3）承諾你做不到的好處；（4）給予顧客與之無關的好處。

第六，售後服務。在投訴方案達成一致後，我們要重在落實。可以透過電話、電子郵件或信函，向顧客瞭解解決方案是否有用、是否還有其他問題，如果你與客戶聯繫後發現他（她）對解決方案不滿意，則要繼續尋求一個更可行的解決方案。同時，還應該重複一下你自己的姓名以加深顧客的印象，並告訴顧客以後如何跟你聯繫，以體現主動服務。

服務追蹤可以達到如下效果：

● 強調你對顧客的誠意；
● 深深地打動你的顧客；
● 足以讓顧客印象深刻；
● 加強顧客的忠誠度。

　　總之，在處理顧客投訴時，要遵守一定的技巧，不要想當然，不要拍腦袋。下面的這些話，是絕對禁止使用的：

服務的禁言

■ 你好像不明白……
■ 你肯定弄混了……
■ 你應該……
■ 我們不會……我們從沒……我們不可能……
■ 你弄錯了……
■ 以前從來沒有人抱怨過這些。
■ 這是我們公司的規定。
■ 我不知道
■ 這不關我的事
■ 我們一直都是這樣做的
■ 這是你的事，你自己做決定
■ 絕對不會，絕對不可能

　　只要遵循投訴處理的原則和方法，我們相信投訴處理起來會更加流暢，會最大限度地減少我們服務質量的下降。

三
建立督導體系

投訴是顧客對服務質量評價的一種表現形式，同時也是服務質量出現重大失誤的表現。除了當次圓滿的處理好投訴之外，最重要的是不再發生類似的問題。這點需要良好的督導體系作為支撐。我們透過督導的系列制度來幫助大家建立和理解督導體系。

一、督導總則

督導是企業經營管理的重要內容；是測量、分析和改進質量的重要手段；是評價事實、做出正確決策的重要依據；是提高工作效率和質量並持續改進的重要措施；是品質管理 PDCA（策劃、實施、檢查、處置）循環中的重要環節。其作用具體陳述如下：

1．透過使用已被確認的明確的驗收標準，評估、追蹤過程，可以及時發現改進機會和需鞏固的成績。

2．透過督導、評價服務和菜餚質量，檢查、收集、分析訊息，可以為質量改進提供依據，可以報告進展情況。

3．透過督導工作，可以幫助管理人員找出問題和需求。

4．透過督導檢查，可以時刻警示（提示）員工，鞏固質量意識。

總之，督導檢查是質量體系得以落實的關鍵環節，其作用的發揮直接影響著企業產品的質量，任何人必須配合完成督導檢查工作。

　　二、督導範圍

　　1．硬體、軟體絕對標準檢查。針對餐廳、廚房、各職能部門分別設置檢查表，按制度進行檢查、評估。

　　2．對客服務質量、菜餚質量及環境等的督導驗證。具體驗證方式是「顧客滿意度調查表」。

　　3．對管理質量的督導驗證。具體驗證方式是員工對管理人員評價表。

　　4．對管理人員工作表現的評價。具體評價方法是由總辦對相關人員進行階段性評價。

　　5．對管理人員經營業績的評價。依據管理人員階段性目標承諾，進行達標狀況評價。（總經辦組織操作，結果匯總至人力資源部）

三、質量自查制度

質量檢查的目的在於透過有效的評價驗證活動，使全員充分瞭解服務提供是否全面滿足規定要求。驗證方法為各級管理人員對當店服務提供過程中服務質量（指服務、菜餚、環境、衛生、設備等）是否達標進行自我檢查（稱為自查）。現就自查做出如下規定：

1．自查以經營店「SOP」內容為基本依據。

2．經營店組長級以上人員均具備自查資格，值班經理或領班負責填寫「自查月報表」中服務組情況，廚師長負責填寫廚房組情況，店經理編寫自查報告。

3．自查報告要概述經營店本月質量達標情況，要說明某領域質量提高的原因，某領域質量下降的原因；陳述下月質量保持和改進的具體計畫。

4．每月自查時段與月經營時段一致，即 25 日填寫完「自查月報表」，26 日午 12 點以前上報。

5．自查評估指數應與總經辦成員巡查、督導部抽查結果一致。

（參見「自查月報表」）

四、質量巡查制度

　　總經辦成員和督導部成員受總經理委託負責對服務提供過程服務質量（指服務、菜餚、環境、衛生、設備、安全等）進行全面檢查和巡視檢查（簡稱巡查）。為使巡查工作客觀、真實且保留有效性記錄，現就其實施出具此制度，所有相關人員均要執行。

　　1．總經辦成員均肩負著巡查責任，均有權開具「不合格服務報告單」；董事長和總經理以外的其他人要承擔開具「不合格服務報告單」的責任；總經辦成員可以授權經理級以上直屬下級開具「不合格服務報告單」。

　　2．巡查以質量管理文件所有內容為依據。

　　3．督導成員在請示督導總監後可以開具「不合格服務報告單」。

　　4．「不合格服務報告單」一式兩份，經營店和督導部各保存一份。

　　5．不合格服務的評審

　　5.1 評審內容包括：查找不合格服務產生的原因；分析造成的危害；研究處置方法。

5.2 一般不合格服務項由當事經營店負責評審。

5.3 嚴重和重大不合格服務項目由經理例會進行評審。

6．不合格服務的處置（即糾正、修正行動）

6.1 經營店自發出任何「不合格服務報告單」之時務於 24 小時內做出處置決定。

6.2 巡查人員在一般不合格服務處置決定做出 24 小時後進行追蹤，查驗其修正結果。

6.3 巡查人員在嚴重不合格服務處置決定做出三日以後，進行追蹤，查驗其修正結果。

6.4 巡查人員在重大不合格服務處置決定做出五日以後，進行追蹤，查驗其修正結果。

7．總經理或總經理授權督導總監每半年做一次巡查，結果公開彙報（於例會擴大會議上）。

五、不合格服務分類規定

不合格服務是指提供時發生在供方與顧客之間及供方內部未滿足要求的物項或事項（包括無形或有形的）。

不合格服務分為三類：一般不合格、嚴重不合格、重大不合格。

現就每類不合格所指範圍做如下規定：

1．一般不合格包括：

1.1 凡違反「員工日常管理規定」中通用工作規定者。

1.2 凡違反「員工行為規範」內容者。

1.3 凡違反「勞動紀律」中輕微過失、一般過失、中度過失條款者。

1.4 凡不超過兩次違反「督導檢查表」中同一檢查項目者。

1.5 凡違反其他相關規定（如：「設備使用管理規定」、「能源使用管理規定」、「財務管理規定」、「採購管理規定」。參見各經營店、各職能部門「SOP」中「部門制度」章節），但未造成嚴重後果的。

1.6 凡顧客提出的口頭一般性投訴的。

1.7 凡各經營店顧客滿意度調查月指數連續兩個月但不超過三個月的指數下降，下降幅度不超過 0.5 的。

2‧嚴重不合格包括：

2.1 凡違反「勞動紀律」中嚴重過失條款者。

2.2 凡超過兩次但不超過四次違反「督導檢查表」中同一檢查項目、且同一次檢查不達標項目不超過 10 個子項目的。

2.3 凡違反其他相關規定（界定標準見 1.5 條款），且造成嚴重後果的。

2.4 凡顧客提出的嚴重投訴，造成較嚴重影響，便未嚴重影響餐廳聲譽的、且造成的經濟損失不超過 5000 元的（不含 5000 元）。

2.5 凡各經營店顧客滿意度調查月指數連續三個月但不超過六個月的指數下降，下降幅度在 0.5 至 1 之間的。

3．重大不合格包括：

3.1 凡違反「勞動紀律」中重大過失條款者。

3.2 凡超過四次以上違反「督導檢查表」中同一檢查項目、且同一次檢查不達標項目超過 10 個子項目的。

3.3 凡違反其他相關規定（界定標準見 1.5 條款），且造成重大後果的。

3.4 凡顧客提出的重大投訴，造成較嚴重影響，且嚴重影響餐廳聲譽的、且造成的經濟損失超過 5000 元的。

3.5 凡各經營店顧客滿意度調查月指數連續六個月以上的指數下降，下降幅度在 1 以上的。

六、有關附表

自查月報表

經營店名稱　　　　　　　　　　　　　　　年　　　月　　　日

	基本驗證內容	評價	指數
服務組	1.服務程序與標準執行情況		
	2.員工執行管理規定情況		
	3.設備、用具完好、破損情況		
	4.其他方面		

廚房組	1.廚房操作程序與標準執行情況		
	2.員工執行管理規定情況		
	3.設備、用具完好、破損情況		
	4.其他方面		
自查報告〈機構第一負責人填寫〉：		平均指數	

〈可加附頁〉

服務組自查人簽字：

廚房組自查人簽字：

〈5=優異表現　4=超越期望　3=優異表現　2=未達到期望　1=表現差〉

不合格報告

編號：

經營店或部門		問題崗位		報告編號	
評審依據				審核日期	
不符合事實陳述〈應列出所引用的標準或其他文件名稱。具體條款和相應原文〉					
不符合類型：□嚴重　□輕微　　督導員：　　　陪同人： 處理要求：□處置　□分析原因 □制定糾正措施　負責人：					
原因分析：〈參加人　　　　　　　　　　　　　　　　〉					

處置方案： 〈計畫完成日期： 年 月 日〉	
負責人： 擬採取的糾正措施：〈計畫完成日期： 年 月 日〉 負 責 人： 年 月 日 督導員認可： 年 月 日	審批意見： 營運督導總監： 年 月 日
追蹤驗證： 驗 證 人： 年 月 日	督導員簽字： 年 月 日

註：此表一式兩份〈一份留經營店，一份留督導部〉

請您思考

1·產生顧客投訴的原因都有哪些？

2·顧客投訴處理的六步驟是什麼？

_____

_____

_____

_____

_____

_____

後 記

　　服務質量是個老生常談的問題。既然是老生常談，就說明兩個問題：一、服務質量很重要；二、目前的服務質量還不是很好。

　　服務質量如何提升？歸根究柢，你要把它看成是一個系統，而不是一個因素。很多服務的細節也很重要，但是和服務系統相比而言，是毛和皮的關係，正所謂中國的老話：「皮之不存，毛將焉附？」

　　這個系統首先是理念和策略的問題。沒有理念和策略，任何服務都會成為曇花一現，不能長久更不能形成獨特的服務風格。其次是要形成三個良性的小循環——一個是關鍵時刻的小循環，主要是服務現場層面；一個是內部管理小循環，主要是人力資源管理層面；一個是服務—利潤小循環，主要是市場營銷和財務層

面。而最後，因為三個小循環的良性互動，形成了整個企業的內部良性服務循環。這就成為一個理想的服務系統，若再輔以文化的推動和 PDCA 循環的永續發展，就能顯示出服務質量的強大力量。

在這本書裡，我除了理論講解之外，還列舉了大量的案例和例證，同時選擇了大量表格、程序和方案，這些都是我在十幾年的工作實踐中總結並應用過的，一方面是為了使書本不那麼枯燥，另一方面也是為了方便大家拿到就可以使用，有利於工作實踐。

最後，感謝我曾經工作過和正在工作的公司，是你們給了我實踐學習的機會；感謝我的同事、朋友們，是你們經常促進我的思考；感謝讀者朋友們，想到你們，是我在疲憊之餘最好的心靈慰藉。

李　韜

餐飲全面服務管理：抓牢顧客的心

作者：李韜

發行人：黃振庭

出版者 ：崧博出版事業有限公司

發行者 ：崧燁文化事業有限公司

E-mail：sonbookservice@gmail.com

粉絲頁　　　　　　　　網址

地址：台北市中正區重慶南路一段六十一號八樓 815 室

8F.-815, No.61, Sec. 1, Chongqing S. Rd., Zhongzheng Dist., Taipei City 100, Taiwan (R.O.C.)

電　話：(02)2370-3310 傳　真：(02) 2370-3210

總經銷：紅螞蟻圖書有限公司　網址：

地址：台北市內湖區舊宗路二段 121 巷 19 號

電話 :02-2795-3656　　傳真 :02-2795-4100

印　刷：京峯彩色印刷有限公司（京峰數位）

定價：400 元

發行日期：2018 年 6 月第一版

◎ 本書以POD印製發行